JN183708

次世代ものづくりのための電気・機械一体モデル

長松昌男［著］

コーディネーター　萩原一郎

共立出版

まえがき

コンピュータは，誕生後わずか70余年の間に，ものづくりのやり方を根底から変えようとしている．前世紀末に出現したCAE（Computer Aided Engineering：計算機援用工学）は産業界全体に急速に普及・発展し，近年の製造企業では，企画・設計・検証を通した製品開発全体をCAE主体で行うモデルベース開発の採用が焦眉の急になっている．機械は，力学・電気・熱・流体・化学などの異なる専門分野間を縦横自在に横断するエネルギー変換により使命を果たす道具であり，したがってモデルベース開発には，個別の物理領域を超えて統一された製品モデルと，それを用いた複合領域シミュレーションが不可欠である．

昨今の製品開発にたずさわる技術者は，自身の専門分野を超えた工学全般に関する広い素養を必要とする．その中で特に重要なのは力学と電磁気学である．ハイブリッド自動車や電気製品の例に見られるように，また「メカとエレキで物ができる」の格言通り，昨今のものづくりは機械と電気の技術融合で成り立っていると言っても過言ではない．そこで，両分野の素養を同時に有する技術者に対する各種企業の期待と人材要求は大変大きい．

本書はこのようなニーズに応えて執筆されたものであり，その目的は次の4項である．

1) 機械と電気をまたぐ複合物理領域の一体モデル化を可能にするために，力学を再構成する．
2) これまで敷居が高かった電磁気学の初歩を，初心者が気軽に学べるように，0から始めてやさしく講説する．

3) 力学と電磁気学の間に，理論と法則の全体にわたる相似則が成立し，両物理学分野が共にエネルギー現象を記述する共通の学問であることを提示し立証する．
4) モデルベース開発のために筆者らが開発した新しいモデル化手法を紹介する．

また，本書は次の点に留意して執筆されている．

1) 全くの初心者が抵抗なく入門できるように，わかりやすさを最優先する．難解な数式は一切用いず，高等学校の数学がわかれば気軽に読める．
2) 物理現象の本質を理解できる基礎力と，時代の変化に強い自在・柔軟な適応力を養う．
3) 機械工学と電気工学の間の壁を取り去り，両者が融合した一体の学問として身につく．

本書の内容は以下のとおりである．

1章「力学の再構成」では，電気・機械系の一体モデル化を可能にするために，在来の古典力学を再構成する．まず，エネルギーを直接扱う電磁気学との理論上の共通性を確保できるように，力学の根幹を力と運動からエネルギーに移し，エネルギーを表に出す形に改める．次に，電磁気学に存在し在来力学に欠けている法則の対称性と物理事象の閉じた因果関係を，力学に導入する[1),2)]．

2章「電磁気学への入口」では，電荷・電流・電圧・導体・磁気・電磁誘導・電気エネルギーなどの基本概念の意味を明らかにし，また電磁気学の基本を支える物理法則の内容を平易に説明することによって，電気工学を気軽に学べる素養を身に付ける[2)]．

3章「電気と機械の相似関係」では，従来別の学問であるとされていた力学と電磁気学が，理論と法則の全体にわたり完全な相似関係を有することを新しく提示する．まず，力・速度と電流・電圧間の正しい相似則を示し，その物理学的根拠を説明する．次に，質量・弾性と静電容量・インダクタンスが相似関係にあること，および粘性とコンダクタンスが相似関係にあることを述べる．続いて，運動の法則と静電容量の動的機能が相似関係にあること，運動量保存の法則と電気量保存の法則が相似関係にあることなど，両物理学領域を支配する法則間に成立する相似則を明らかにする．そして，運動エネルギー・弾性エネルギーと静電エネルギー・電磁エネルギーが相似関係にあることを説明する．さらに，簡単なモデルを用いてこれらの相似関係を例証する[3),4)]．

4章「物理機能線図」では，モデルベース開発のために筆者らが開発した新しいモデル化手法を紹介する．次に，本手法を用いて1自由度の電気系と機械系をモデル化し，両者が同一のモデルで表現されることを示し，これによって，本手法を用いれば電気・機械系の一体モデル化が可能であることを立証する[6)〜11)]．

本書は，一人の筆者が力学と電磁気学を対比し関連付けながら一体として執筆しているため，両分野間に学問の壁が存在しないという，従来の単分野毎の専門書にはない特徴を有している．したがって，電気と機械を融合した授業や，一方の専攻の学・院生に他方の分野を教える授業・ゼミ教育などの教科書・参考書としても最適である．また，各種製造企業における新入社員や若手技術者の教育テキストとしても大変有用である．

本書の内容は，筆者の父である長松昭男の力学の研究[1)]に端を発する．1章の内容は長松昭男単独の研究結果である．筆者は，長松昭男の引退に際してその研究を引き継ぎ，新しいモデル化手法の開発とそれによる電気・機械系の一体モデルの構築への発展を試みてきた．幸いこの度，本研究がこの分野の世界的権威者であられる日本シミュレーション学会会長の萩原一郎明治大学教授の目に留まり，本書のコーディネーターになっていただけることになった．これは若輩の筆者にとってこの上ない光栄であり，ご多忙にもかかわらず本書の立案から校閲に至るまで終始全面的にご指導いただいた萩原教授に対し，心中から御礼申し上げる次第である．

2015 年 12 月

長松昌男

目　次

1

力学の再構成

1.1 力学の考え方

1.1.1 力とは

力学は文字通り力の学問である．そこでまず「**力**とは何か」について論じる．

力という概念は，人の筋肉の努力感から生まれたものである．しかし人は，直接には筋肉に生じる運動（変位・変形・速度・加速度）を感知しているのであって，力そのものを感知しているのではない．力をばね秤で計測するときにはばねの伸び・縮みの変位量を計測しているのであって，力という物理量を直接計測しているのではない．「動く・止まる」の運動は観測し測定できるが，地球の重力を見ることができないように，力は直接には人に見えないものであり，その正体は定かではない．

万物を透過し宇宙に遍在する万有引力，鉄を引き付ける磁力，電荷間に働く電気力，原子・分子間を結びつける化学力，物体を変形させる弾性力，固体接触面の摩擦力，流体の粘性抵抗力など，私たちの周囲には様々な力が満ちているように見える．しかし物理学では，原子・量子の内部に働く核力を除けば，力には万有引力と電気力しか存在しないことがわかっている．核力に関しては，私たち一般人にはまだよくわかっていない．ただし，核分裂によるエネルギー放出の原因となる力は，陽子や中性子を集める核力ではなく，陽子間の電気力（斥力）であり[2]，それを解放したのが原子爆弾である．現在，人類はその正体を理解し原子力発電などで利用している．

ニュートン（Sir Isaac Newton, 1643-1727）は，天体のように何もない真空中で遠く離れていても，あらゆる物体間には必ず引力が直接作用し合うとし，これを万物が有する引力すなわち万有引力と名付けた．このように物体同士が直接作用させ合う力を「**遠隔作用**」という．これに対して，電気力は「**近接作用**」[2]である（2.1.2項）．すなわち電気力は，電荷同士が直接作用させ合う力ではなく，電荷がその周囲空間に電界（物理学では電場と呼ぶ）という場（時空間のゆがみ）を作り，その中にたまたま置かれた別の電荷にその場から作用する力である．

アインシュタイン（Albert Einstein, 1879-1955）は，万有引力も電気力と同様な近接作用であることを明らかにした．現在ではこれが真実とされており，時空間のゆがみである場が生じる万有引力は，それが遠く離れた天空の星に由来するものであっても，近接作用である．とはいえ，夜空に輝く星の間に働く力とりんごを木から落下させる力を同一事象と見なし，遠隔作用の力を発想したニュートンの功績は，力学における永遠の金字塔であることに相違ない．

1.1.2　対称性と因果律

自然界は対称である[13), 14)]．太陽も地球も月も無重力空間を漂う水滴も球である．花びら，木の葉の葉脈，雪の結晶，海原の先に続く見渡す限りの水平線，鳥の鳴き声の単純な繰返しなど，**対称性**は私たちの身のまわりのどこにでも見られる．

物理学を覗いてみれば，いたるところに対称性が存在している[14)]．振子の揺動や自由振動は時間と空間の両者に関し対称である．力 f と速度 v を入れ換えても仕事率は変わらない[2)]．運動量と位置を入れ換えても不確定性原理[12)]は変わらない（1.6.9 項）．**ローレンツ変換**（Hendrik Antoon Lorentz, 1853-1928）に従って空間座標と時間座標を入れ換えても，相対性理論の基本法則は変わらない[18)]．電子と陽電子，陽子と反陽子，クオークと反クオーク，実在するこれらの物質と反物質は，宇宙が対称であるという事実を示唆する．

宇宙のどこに行っても，また何万年経っても，ベクトルの理論・運動の法則・電磁誘導の法則は変わらない．物理法則の時空間不変性は連続対称性であり，すべての連続対称性に対して不変・保存量が存在する（**ネーターの定理**（Amalie Emmy Noether, 1882-1935））[13), 14)]．対称性という言葉で代表される普遍・不動の一連の物理法則は，自然界の荘厳な美しさを見事に表示している[14)]．

原因を与えると結果が生じることを，**因果関係**が存在するといい，**因果律**が成り立つという．万物の閉じた因果関係は代表的な時間対称性である[13)]．海の水は蒸発して雲となり雨が降って，地上に落ちた水が川を流れて再び海に帰る．「諸行無常，因果応報，諸象流転」．この世に不変な事物は何もなく，因は果となり果は次の因となって，万事万象は時と共に巡り巡って継続し，常にそして永遠に流転・転生し続けている．**現世界は閉じた因果関係の連鎖から**

なり，すべての事象は原因と結果を有している． 原因がなくまた何の結果をも生まず幽霊のように忽然と現れ忽然と消える事象は，この世には存在しないのである．

自然界のドラマである事象の起承転結を忠実に記述する物理学には，時空間における対称性と閉じた因果関係の連鎖がその中に正しく表現されていなければならない．事実，第2章で説明する電磁気学は，対称性と閉じた因果関係に裏付けられた理論体系からなっている（2.8節）[2]．

1.1.3　在来力学の特徴

在来の古典力学は次の特徴を有する[1), 2)]．

1)　力と運動が表に出て，エネルギーが陰に隠れている．

古典力学はニュートン力学とも呼ばれるように，「物体の運動は，力が作用しなければ変化せず，作用すれば変化する」という，エネルギーという概念がまだこの世に存在しなかった時代に，目に見える現象である運動の原因を力と名付け，両者の関係を基にニュートンが発見し提唱した運動の法則を基本に置く学問である．これを忠実に継承する古典力学は，物理学の根幹をなすエネルギー保存の法則が確立した現在でも，エネルギーが陰に隠れた理論体系になっている．例えば，運動エネルギーは運動の法則を位置で積分して得られる，と説明されている．

2)　対称性が欠落している．

物理法則の正当性の判断基準は，まず①**実験事実と合う**ことである．物理学は自然界の物理事象を忠実に表現する学問である以上，これは当然である．もう1つの判断基準は，②**対称性を有する**ことである．上述のように自然界が対称である以上，物理法則も対称性を有するのは当然である．

しかし力学では，専ら①を根拠に法則の正当性が保証されており，②については保証されていない．事実，在来力学にはニュートンの法則・フックの法則・運動量保存の法則の対称となる法則は存在せず，また力学エネルギーに対称性が導入されていない．

3)　因果関係が閉じていない．

力学を創生した偉人の言を以下に列挙する[12),15),16),17)]．

「力は物体の（動きの）状態を変える原因である」：**墨子**（B.C.400 頃）『墨経』

「物体の自然な状態は静止であり，物体が運動するときは必ず原因となる力が必要である」：**アリストテレス**（Aristotelēs, B.C.384-B.C.322）

「力は神が与えた形而上の存在であり，力の原因は人知の範疇にはない」：**デカルト**（Rene' Descartes, 1596-1650）

「力学は，どのような力にせよ，それから結果する運動の学問，またどのような運動にせよ，それを生じるのに必要な力の学問であり，それらを精確に提示し証明するものである」：**ニュートン**『プリンキピア』

「力とは，どのようなものであれ，それが作用していると考えられる物体を運動させる原因，もしくは運動させようとする原因のことと題される．それゆえ力は，その生成された運動ないし生成されようとする運動の量によって評価されるべきである」：**ラグランジュ**（Joseph Louis Lagrange, 1736-1813）『解析力学』

これらの言からわかるように，人は古代から，地上や天空を運動する物体を見てその裏に共通の原因があるに違いないと考え，それを力と名付けた．そして力学の全歴史を通して，**「力は運動の原因であり，運動は力の結果」**という片道通行の開いた因果関係を暗黙の前提としてきた．デカルトが断じているように力学では，力は神から与えられるとし，力の原因を因果関係の枠外に排除しているから，力学の中には力の原因を規定する法則は存在しない．力と運動を扱う力学の中に閉じた因果関係を実現するためには，上記と逆方向である「力の原因は運動」の理論が必要であるが，このような理論は在来力学の中には存在しないのである．

上記3つの特徴は，一見すれば力学の不完全さであり欠点のように見えるが，決してそうではなく，逆に長所となっている．

まず人の感覚に直結する力と運動（位置・速度・加速度）を表に出した力学理論は，エネルギーというはっきりしない実体を直接扱うよりも具体的で理解し納得しやすい．また力学は，対称性と閉じた因果関係を有しないといっても，それらを否定しているのではなく関知しないだけである．私たちが力学を用いる際には，力を既知として与えて運動方程式を立て，次に初期条件を与えてこれを解くのが常とう手段である．その際，私たちは，与えられた力の発生原因と初期以前における対象の推移・挙動には無関心である．また，宇宙に遍在する万有引力によって生じる星の運動を解析する際には，万有引力の発生原因については全く考えない．

そして何よりも力学は，上記の不完全さ故に，全物理学を支配するという特異な優位性・汎用性を有する．すなわち，力学は力の原因には関与しないから，どのような力であろうとそれが運動を変化させる物理実体でありさえすれば，運動の法則が適用できる．例えば，荷電粒子の運動を支配するローレンツ力（電磁気力）を力学で扱い，運動の法則で説明している（式 2.23）．他方，電磁気学は因果関係が閉じた学問である反面，その中で力の原因を規定している基本法則を満たす電磁気的な力に対してしか適用できない[2)]．

1.1.4　今なぜ再構成か

古典力学が有する上記の不完全さは，力学を単独で用いる場合には何の不都合も生じない．しかし，昨今のものづくりでは，機械，流体，熱，電気，化学などの異なる物理領域を越えてエネルギーが縦横無尽に移動し変換することによって実現される製品の機能・性能・信頼性を極限まで追求する過程で，単一物理領域の理論のみでは解決できない問題が多出している（例えば自動車エンジンの燃費と振動騒音の背反問題）．昨今のモデルベース開発の下でこれに対処するには，複合物理領域を横断し一体化するモデル化とシミュレーションが必要である．すべての物理領域を統一する理論が存在しない現状でこれを実行するには，複合物理領域の統合モデル構築を支える各分野の物理理論間に，最小限の共通性を持たせることが不可欠になる．その最小限の共通性とは，**①全分野を貫く唯一の物理事象であるエネルギーを表に出すこと，②自然界の対称性と閉じた因果関係を具現していること，**の 2 項である．長松昭男は本章で，統合モデルの中核となる力学においてこれを実現すべく，その再構築を試みている．

「メカとエレキがあれば物ができる」の言葉通り，電磁気学と力学は昨今のものづくりの中核であり，これら両者間の共通性の確立は最も重要かつ焦眉の急の課題になっている[2)]．しかしながら，エネルギーという概念がまだこの世に存在しなかった時代に，ガリレイ・ニュートンが目に見える運動を観察し，「運動の裏には力という原因が存在し運動は力の結果として生じる」という偉大な発見から生まれ出発した在来の古典力学は，当然のことながら，エネルギーが陰に隠れ，対称性が欠落し，力から運動への片道通行の開いた因果関係からなっている．この在来力学をそのまま用いるのでは，エネルギーを直接扱い，対称性を有し，閉じた因果関係からなる電磁気学（2.8 節）とは連結・一体化できない．

なお，相対性理論[18),19)]や量子力学[20)]などの近代物理学では，古典力学が有する上記の不完全さは，本章の記述より高い学術レベルで，1 世紀も前にすでにすべて解決されている．しかし，私たちは現在でも，通常のものづくりにはニュートン時代の古典力学をそのまま用いているから，機械製品のモデルベース開発に不可欠な複合物理領域シミュレーションには，古典力学が有する上記の不完全さを同水準の古典力学のレベルで解消しておく必要がある．このような実用上の必要性から，長松昭男は以下の 3 点に関して力学の再構成を試みている．

1）　エネルギーを表に出す．

力学の基本概念を，力学だけに通用する力と運動間の関係，すなわち**「力が作用しない物体は運動を一定に保ち（慣性の法則），力が作用する物体は運動を変化させる（運動の法則）」**から，全物理学を支配する唯一の保存量であるエネルギーの均衡・不均衡，すなわち**「力学エネルギーの均衡状態にある物体はそれを保ち，不均衡状態にある物体は均衡状態に復帰しようとする」**[2)]に移す．そして，力学エネルギーを表に出し力と運動をその下に置く理論構成に改める．

2）　対称性を導入する．

前述のように，在来力学には対称性が欠落している．物理学は対称性を有する自然界を正しく記述する学問であり，力学もその例外ではない以上，力学の中に対称性を実現できるはずである．長松昭男はこの認識に基づいて，これまで互いに無関係とされてきた**力学の概念や物理量間に対称性を導入し，合わせて在来の力学法則と対称・双対の関係にある新しい力学法則の存在を提言する．**

ただし長松昭男は，これまで誰でも知っているが力学法則であるという認識を全く持っていなかった当たり前の既知事実をあえて取り上げ，それをそのまま「法則ではないだろうか？」と提言するだけであり，ニュートンのように未知の学術知見を発見し，それを基に新しい法則を無から創造・確立するのでは毛頭ない！　本章で長松昭男が法則として取り上げる学術知見を発見したのは，すべて過去の偉大な諸学者である．

3)　弾性体の力学に閉じた因果関係を実現する．

在来の古典力学には存在しなかった**「運動が原因で力が結果」の因果関係を新しく力学に導入し，在来力学の「力が原因で運動が結果」の片道通行の因果関係と合わせることによって，力と運動を扱う学問である力学の中に閉じた因果関係を新しく実現する．**とは言え，力学では力の発生原因を初めから理論の対象外に置いているから，このことは一般的には不可能である．例えば，万有引力がなぜ生じるかについては，一般相対性理論によらない限り説明できない[19]．

ただし，幸いなことに唯一の例外がある．それは弾性体という1つの物体内に同時に発生する力と運動を扱う弾性体の力学である．そしてさらに幸いなことに，通常のものづくりには弾性体の力学の再構成で十分事足りるのである．

1.2　力学の状態量

一般に物理事象の状態を表現する量を**状態量**という．力学をはじめ物理学の多くの分野には，互いに対称・双対の関係にある2種類の基本状態量が存在する（表3.1）．力学では当然のことながら，その名称通り力 f を一方の基本状態量としている．力学は力と運動を扱う学問であるから，もう一方の基本状態量は運動になるはずである．

運動は位置・速度・加速度で表現される．これまで力学では，これらのうち位置 x を基本状態量とし，他をその時間微分値（$\dot{x}$，$\ddot{x}$）として扱ってきた．位置は直接目に見える量であり，速度や加速度よりも直感的に知覚・認識・計測しやすいから，これは自然である．また，形状・構造・寸法が要点のものづくりでは，これは実用上実に便利である．さらに，すべての運動方程式は積分方程式ではなく微分方程式で表現されるので，これは誠に都合が良く，数式処理上不可欠である．

しかし長松昭男は，エネルギーを表に出す場合に限って，位置の代わりに速度を運動の基本状態量にとっている．その理由を以下に述べる．

1）仕事率（力学における瞬時エネルギー）P は力 f と速度 v の積で表現される．

$$P = fv \tag{1.1}$$

そこで，力学に対称性を導入しエネルギーを表に出すことを試みている本書では，式 1.1 のように瞬時エネルギーに関して力と対称・双対の関係にある状態量を速度とし，速度 v を他方の基本状態量にとる．

2）力と速度は共に，現時点の瞬時状態を表す状態量である．それに対して運動量（力積）と位置（速度積）は，状態量の蓄積（時間積分）であり，過去の履歴に依存する量である．動力学では，現時点の瞬時状態量としての力・速度と，現時点までの状態量の履歴を含む運動量・位置を，それぞれ互いに対称・双対と見なし，その上でこれら両対を区別して扱うことが望ましいと考えられる．瞬時状態量である力を基本状態量にとることは力学において不可避である以上，運動を代表する基本状態量も，蓄積状態量の位置ではなく瞬時状態量の速度とすることは自然であろう．

1.3 力学特性

1.3.1 在来の力学特性の考え方

力学においてエネルギーの変換とその結果生じる状態量の変遷を演じる物質の力学的性質を，力学特性という．力学特性には質量，剛性，粘性の 3 種類が存在する．力と運動を表に出す在来力学では，これらが次のように定義されている．

- 質量：単位加速度を生じる力の大きさ（運動の法則）
- 剛性：単位変位を生じる力の大きさ（フックの法則）
- 粘性：単位速度を生じる力の大きさ

これらの定義をあえて批判的に見れば

1) 運動（変位・速度・加速度）は力学特性が機能して生じる結果であるから，これらは結果による原因の定義になっている．しかし，熱によって生じる体積膨張で温度を測ることはできるが体積膨張の原因である熱自体を定義することはできないように，結果で原因を定義することは本来不可能である．
2) これらは力と運動を関係付ける比例定数以外の物理的意味を持たず，定義に必須の働き（機能）が記述されていない．
3) 質量と剛性は共に同一物体の力学特性であるから，両者の間には何らかの関係があるはずなのに，それが見えない．

在来力学をもう少し根幹に立ち返って考えてみる．一般に，外から何の作用も加えない物体は変化しない．これは**「物体は今あるそのままの状態を保とうとする性質を有する」**と解釈できる．色や艶などとは無関係な力学では，運動・形状・位置が「状態」の対象となる.

まず，運動の基本状態量である速度について述べる．物体は「今あるままの速度を保ちたい」のである．これを実験的事実として発見したのは**ガリレイ**（Galileo Galilei，1564-1642）である．ニュートンはこれを力と運動の関係を規定する 2 つの法則のうちの 1 つ（他は運動の法則）とし，この性質の強さを物体の本質を表現する量と位置付け，質量と名付けた．この法則は「物体は常に今置かれた運動状態（速度）に慣れる」という性質（慣性）を記述するから，慣性の法則と呼ばれる．これを逆に言えば，物体は速度の変化を嫌いそれに抵抗する．その際に物体が出す抵抗力 f_M は，慣性力と呼ばれる．慣性力は，この性質の強さである質量 M と速度変化の度合いである加速度 $\dot{v} = \ddot{x}$ の両者に比例し，抵抗力であるから負号が付く．

$$f_M = -M\dot{v} = -M\ddot{x} \tag{1.2}$$

次に，物体が弾性体である場合には，「本来あるままの形（液体の場合には体積）を保ちたい」という性質が加わる．これを発見したのが**フック**（Robert Hooke，1635-1702）であり（フックの法則），彼はその性質の強さを剛性（ばね定数またはこわさ）と名付けた．これを逆にいえば，弾性体は形の変化である変形を嫌い抵抗する．その際に物体が出す抵抗力 f_K は，この性質の強さである剛性 K と変形量の両者に比例し，抵抗力であるから負号が付く．この力は，「本来の形に復元したい」という性質から由来する抵抗力であるから，復元力と呼ばれる．変形が変位 x で表現される 1 自由度系では，復元力は

$$f_K = -Kx \tag{1.3}$$

さらに，流体に囲まれた物体には「今あるままの位置を保ちたい」という性質が加わる．流体自身または流体に囲まれた物体は静止していたいのである．この性質の強さは，流体が粘さと呼ばれる性質を有することに起因するから，粘性と呼ばれる．これを逆に言えば，物体は位置の変化である速度を嫌い抵抗する．その際に出す抵抗力 f_C は粘性抵抗力と呼ばれ，この性質の強さである粘性 C_m と位置の変化の度合いである速度 $v = \dot{x}$ の両者に比例し，抵抗力であるから負号が付く．

$$f_C = -C_m v = -C_m \dot{x} \tag{1.4}$$

式 1.2〜1.4 は，物体に外から力を加える際に物体が生じる抵抗力（外力に対する反作用力）である．

1.3.2　弾性体の力学特性

弾性体は弾性という力学特性を有する物体である．弾性 H は，フックの法則の発見以来，現在まで力学特性としてきた剛性 K の反意語である（$H = 1/K$）．弾性が大きいことは，しなやかで柔らかいことであり，剛性が小さく硬くないことであり，同一の内力（弾性力）を生じる変形（流体の場合は体積変化）が大きいことである．剛性が無限大（剛体）になれば弾性という力学的性質を失い弾性体（ばね）ではなくなるように，弾性体の基本的性質は硬さではなく柔らかさにある．

機械系の固有角振動数は，剛性を用いれば $\sqrt{K/M}$ と表現される [22] が，この数式表現からは剛性と質量の関係が明らかでない．一方，弾性を用いれば $\sqrt{1/(MH)}$ となり，質量の増大と弾性の増大（剛性の減少）は共に固有角振動数を減少させることがわかる．この例から，質量と対称・双対の関係にある力学特性は剛性ではなく弾性である，と考えることは自然である．ちなみに，電気系の共振角周波数は $\sqrt{1/(CL)}$ であり（式 2.67)，電磁気学では静電容量 C とインダクタンス L が対称・双対の関係にある（表 2.1)．

そこで本書では，弾性体の力学特性は質量と弾性であるとする．フックの法則（f は弾性力，x は変位）

$$f = Kx \tag{1.5}$$

を弾性 $H = 1/K$ を用いて記述すれば

$$x = Hf \tag{1.6}$$

1.3.3 エネルギーと力学特性

力学で扱う**力学エネルギー**は，**運動エネルギー**と**位置エネルギー**からなる[12)]．運動エネルギー T は，運動する物体（質量 M）が速度 v の形で保有するエネルギーであり，次式で表される[12)]．

$$T = \frac{1}{2}Mv^2 \tag{1.7}$$

一方，位置エネルギー U は，**保存力**[2)] の場が保有する力学エネルギーであり，その形態は保存力の種類に依存する[12)]．例えば重力 Mg（g は重力加速度）の場が保有する位置エネルギーは Mgh（h は基準面からの高さ）である．

弾性体は物体（質量）であると同時に保存力の場でもある．弾性体の保存力である弾性力は，弾性体（場）が発生し自身（物体）に作用する内力であり，重力や万有引力のように他の物体（地球や星など）に起因する保存力の場が生む外力とは異なる．

弾性体という場が保有する位置エネルギーを**弾性エネルギー**と呼ぶ．これまで，弾性エネルギーは弾性体が変形することによって生じるとされていた（式 1.8）．この解釈は現象の一部しか表現しておらず，厳密さを欠く．ばねの両端を拘束して長さを一定に保ちながら熱を加え温度を上昇させると，自然状態における体積膨張が阻害されるので，圧縮の弾性力が増大し，変形しないにもかかわらず弾性エネルギーが増加する．また，この解釈は固体にしか通用しない．形を形成しない弾性体である流体に，体積を変えることなく熱を加え温度を上昇させれば，圧力（弾性力）が増大し，保有するエネルギーが増加する．このエネルギーは，熱エネルギーであると同時に外部に力を作用させ仕事をする能力（力学エネルギー）でもある．

在来力学における弾性エネルギーは [12]

$$U = \frac{1}{2}Kx^2 \tag{1.8}$$

と記述されていた．しかし，式 1.8 は弾性体が形を形成し内力に伴い変形を生じる固体の場合のみに有効な表現式であり，液体や気体の等積変化のように内力が必ずしも変形を伴わないエネルギー変化には無効である．

式 1.8 に弾性の定義式 $H = 1/K$ と固体で成立するフックの法則（式 1.6）を代入すれば

$$U = \frac{1}{2}Hf^2 \tag{1.9}$$

一般に，物体を温めて熱エネルギー（熱エネルギーの大部分は原子・分子が不規則運動の速度の形で有する微視的運動エネルギーであり，残りは原子・分子間の距離（場）の増大に起因する体積膨張の位置エネルギー）を与えれば，柔らかくなりやがて溶解する．これからわかるように，物体は硬さ（剛性）ではなく柔らかさ（弾性）でエネルギーを保有する．硬さが無限大である剛体（弾性が 0

で変形しない）は，弾性体ではなく内部に弾性力を生じさせることができないから，弾性エネルギーを保有できない．弾性エネルギーは文字通り，剛性 K ではなく弾性 H が保有する力学エネルギーなのである．弾性エネルギーは弾性体が変位 x ではなく力（弾性力という内力）f の形で保有する力学エネルギーであり，在来の式 1.8 よりも長松昭男が提示する式 1.9 のほうがより適切な表現式であるといえる．

質量 M と弾性 H，速度 v と力 f は互いに対称・双対の関係にあるから，**運動エネルギー T と弾性エネルギー U は互いに対称・双対の関係にあることが，式 1.7 と 1.9 を比較すれば一見してわかる．** 弾性エネルギーを式 1.8 で記述していた在来の弾性体の力学では，これら 2 種類の力学エネルギー間の相互関係は不明であった．

1.3.4　新しい機能定義

長松昭男は力学の根幹を力と運動の関係からエネルギーの均衡と変換に移すことを試みており，それに基づいて力学特性の働き（機能）を，「今あるそのままの状態を保とうとする」（1.3.1 項）のような現象的表現から，「**力学エネルギーの均衡状態ではそれを保ち，不均衡状態では均衡状態に復帰しようとする**」（1.1.4 項）のように，物理学の根幹であるエネルギーを表に出した本質的な表現に変えようとしている．これに基づき長松昭男は，質量と弾性の機能を以下のように新しく定義する[1), 2)]．

- **質量の静的機能**：力学エネルギーの均衡状態では，0 を含む一定の速度で力学エネルギーを保有する（慣性の法則）．
- **質量の動的機能**：力学エネルギーの不均衡状態では，その不均衡を力の不釣合いで受け，それに比例した速度変動（加速度）に変換する（運動の法則：式 1.12）．速度変動は時間の経過と共に速度を変化させる．質量はこの速度の変化分だけの力学エネルギーを吸収することにより，力の不釣合いを解消し，力学エネルギーの均衡を回復させる．

- **弾性の静的機能**：力学エネルギーの均衡状態では，0 を含む一定の力（弾性力）で力学エネルギーを保有する（弾性の法則（1.4.2 項 a））．
- **弾性の動的機能** ：力学エネルギーの不均衡状態では，その不均衡を速度の不連続（弾性両端間の速度差 = 相対速度）で受け，それに比例した力変動に変換する（力の法則（1.4.2 項 b）：式 1.13）．力変動は時間の経過と共に力を変化させる．弾性はこの力の変化分だけの力学エネルギーを吸収することにより，速度の不連続を解消し，力学エネルギーの均衡を回復させる．

力学エネルギーを表に出したこれらの定義では，質量と弾性の機能が，互いに対称・双対の関係にある「力」と「速度」，「力の釣合い」と「速度の連続」の言葉の相互入換以外には，同一の文章で表現されている．このことは質量と弾性が互いに対称・双対の機能を演じることを意味する．このように，同一物体（弾性体）の力学特性であるにもかかわらずこれまで相互関係が明らかでなかった**質量と弾性は，弾性体の力学エネルギーに関して互いに対称・双対の関係にある**ことが判明した．

上記のように弾性体では，質量と弾性が共に機能して，力と速度の双方向変換を生じる．質量は，不釣合い力を受けてそれを速度に変えることによって，「力が原因で運動（速度）が結果」の因果関係を演じる．これに対して弾性は，不連続速度を受けてそれを弾性力に変えることによって，「運動（速度）が原因で力が結果」の因果関係を演じる．**弾性体では，質量と弾性が協力して力と運動の間の閉じた因果関係を実現する**のである．

このように，エネルギーを根幹に置く新しい力学概念によって初めて，弾性体の力学に限定してではあるが，在来力学の不完全さを解消し，力学に対称性と閉じた因果関係を導入できる．

長松昭男が新しく定義した上記の弾性（ばね）の機能について説明を追加する．ばねは2点（両端）を有し，ばねに対する速度の作用は，ばねの両端間に速度差（相対速度）を与え，ばねの両端間の速度を不連続にすることによってなされる．相対速度は，両端間の距離が増加し，ばねが正の変位を生じる（伸びる）方向を正，両端間の距離が減少し，ばねが負の変位を生じる（縮む）方向を負とする．

外部から正の速度作用を受けるばねには，それに比例した正の弾性力変動が生じ，それが蓄積（時間積分）されて正の弾性力（引張力）になる．同時に正の相対速度は蓄積されて正の変位（伸び）を生じる．また同時にばねは，弾性力を有しない本来の形（自然長）に復元しようとして，弾性力の反作用力である負の復元力を，ばねの両端に接続された外部に加える．これに対して外部は，復元力の反作用力であり弾性力に等しい正の拘束力（引張力）を，外部からばねの両端に加える．

反対に，負の速度作用（両端間の距離が減少し縮む相対速度）を受けるばねには，負の弾性力変動が生じ，それが蓄積（時間積分）されて負の弾性力（圧縮力）になる．同時に負の相対速度は蓄積されて負の変位（縮み）を生じる．また同時に，ばねは弾性力を有しない本来の形（自然長）に復元しようとして，弾性力の反作用力である正の復元力を，ばねの両端に接続された外部に加える．これに対して外部は，復元力の反作用力であり弾性力に等しい負の拘束力（圧縮力）を，外部からばねの両端に加える．

このように復元力は，拘束力（外部から仕事をして力学エネルギーを供給する作用力ではなく，内力（弾性力）と変位の維持を外部から強制する力）に対する抵抗力であると同時に，ばねに弾性力が蓄積された結果として初めて生じる，弾性力の反作用力である．

フックの法則（式 1.5 または 1.6）は，弾性力と変位間の比例関係を規定する法則であり，ばねに対する拘束力とばねの変位の比例関係を規定する法則でもある．弾性力はばねの変位と同期して現れる内力であり，両者の間には時間差がなく，両者は共にばねに対する作用速度（原因）から時間的に遅れて生じる結果である．そこで，因果関係の立場から見ればフックの法則は，ばねに弾性エネルギーが蓄積した結果として生じる「結果と結果の関係」を記述する法則であるといえる．

次に粘性の機能について述べる．粘性は，外部から仕事をされ注入される巨視的運動エネルギーを，直ちに原子・分子の不規則振動の微視的運動エネルギー（巨視的には熱エネルギー）に変換する．微視的不規則運動は隣接原子・分子を次々に励起し，熱エネルギーは周辺に拡散しながら薄まっていく[2)]．これによって，粘性は不均衡力学エネルギーを吸収すると同時に散逸させ，力学エネルギーの均衡を回復させようとする．同時に，粘性は式 1.4 の粘性抵抗力を出して外作用に抵抗する．この抵抗力に抗して粘性に外から加える力 f は

$$f(=-f_C)=C_m\dot{x}=C_mv \tag{1.10}$$

粘性は注入された力学エネルギーをただ散逸させるだけで，内部に蓄積し，保有することができない．この点が質量・弾性と根本的に異なる．粘性の**散逸パワー**（パワー＝単位時間になす仕事＝仕事率）は式 1.10 より

$$P=fv=C_mv^2 \tag{1.11}$$

散逸されたエネルギーは元に戻ることはないから，粘性の機能は受動的・不可逆的であり，すべての全動的現象の発生を妨げ発生したら減衰させるだけで，能動的にその発生に寄与することはないから，粘性は動力学の主役にはなりえない．

1.3.5　質量と弾性の対比

1)　質量が静的機能を演じるときの力学エネルギーの均衡は，力が存在しないか存在しても力の釣合いが成立することを意味し，このとき質量は自由状態にあり，静止または等速直線運動をしている（慣性の法則）．これに対して弾性が静的機能を演じるときの力学エネルギーの均衡は，速度が存在しないか存在しても両端間の速度の連続が成立することを意味し，このとき弾性は拘束状態（弾性力と変位が共に一定の状態）にあり，静止または剛体運動をしている（弾性の法則）．

質量の自由状態と弾性の拘束状態は，共に力学エネルギーの均衡を具現する互いに対称・双対の状態である．これら両状態では共に，外部からエネルギー的に隔絶されており，外部と対象の間には作用が存在せず，力学エネルギーの内外間の移動が生じない．

2)　質量と弾性に作用を加えることの意味は，質量に対しては不釣合い力を加えて速度変動を生じさせることであり，弾性に対しては両端間に不連続速度を加えて力（弾性力）変動を生じさせることである．

3)　質量は，作用を力で受けることはできるが，速度で受けることはできない．質量に力を作用させれば，速度が変動する（加速度が生じる）だけであり，静止している質量に瞬間的に有限の速度を生じさせることはできない．これに対して弾性は，作用を速度で受けることはできるが，力で受けることはできない．弾性に速度を作用させれば，力が変動するだけであり，自然長の弾性に瞬間的に有限の弾性力を生じさせることはできない．自然長の弾性は，力に対して無抵抗であり，反作用力を生じることができない．「のれんに腕押し」の格言通り，力に対する手応えのないものには速度を与えることはできても力を加えることはできない．

4)　一般に人や物は，他に対して自身が持っているものしか与えることができない．質量は力学エネルギーを速度の形で保有する（式 1.7）から，速度を出すことでしか外部に仕事をすることができない．また質量は変形できず，内部に力（弾性力）を持つことができないから，力を出して外部に加えることはできない．速度を有する質量が他の物体に接触した瞬間には，相手の接触部に質量と同一の速度を与えるだけであり，相手に力を作用させるのではない．力は，質量が相手にめり込んで初めて生じる相手物体内の弾性力であり，質量が相手に直接加えるものではない．

これに対して弾性は，力学エネルギーを弾性力の形で保有する（式 1.9）から，力を出すことでしか外部に仕事をすることができない．弾性力を有する弾性が他の物体に連結された瞬間には，その反作用力である復元力を相手に加えるだけであり，連結の瞬間に相手に速度を与えることはない．

1.3.6　力学と質量

本節ではこれまで，質量を単に物質の力学的性質の 1 つと見なして議論を進めてきた．しかし質量は，すべての物体が有し，弾性力はもちろん，万有引力や電気力などのあらゆる種類の作用力を受けて物体自身の速度を変化させる，物体の本質である．弾性体に限れば質量は弾性と対等・対称・双対の関係にあるが，物理学全体を見れば両者の重要性は大きく異なる．ここでは質量という物理量を，力学の歴史的観点から考察する[1]．

アリストテレスは，地上の物体の運動には「物体の固有運動」と「外的な力による強制運動」の２種類があるとし，また「物体の自然な状態は静止であり物体が運動するときは必ず原因となる力が必要である」とした[17]．ニュートンはこの認識の下に，運動の原因である力には，すべての物体が本来有し固有の一定運動を続けようとする固有力と，外から作用し運動を変化させる駆動力，の２種類があると考え，著書『プリンキピア』の冒頭に次の定義を記した[17]．

- 定義Ⅰ：物質量とは，物質の密度と大きさをかけて得られる，物質の測度である（以下すべてにおいて，物体とか質量とかいう名の下に筆者が意味するのは，この物質量である）．
- 定義Ⅱ：運動量とは，速度と物質量をかけて得られる，運動の測度である．
- 定義Ⅲ：物質の固有力とは，各物体が現にその状態にある限り，静止していようと，直線上を一様に動いていようと，その状態を続けようと抵抗する内在的能力である．
- 定義Ⅳ：駆動力とは，物体の状態を，静止していようと，直線上を一様に動いていようと，それらを変えるために物体に及ぼされる作用である．

定義Ⅰは質量の定義であり，ニュートンは物質を質量と見ていたことを示している．これに対して後に**マッハ**（Ernst Mach, 1838–1916）が，「定義Ⅰは見せかけにしか過ぎない．なぜなら，密度は単位体積あたりの質量であるとしか定義しようがないからである」と批判したように，定義Ⅰ自体は，質量に関する最初の記述として以外には，あまり意味を持たないものである．実際ニュートンは，運動の法則において質量を加速度と力の比としたように，彼が考える質量は比例定数としての量以外の何者でもなく，その物理的意味や機能については何も認識していなかった．しかし，この定義Ⅰの意義はともかくとして，質量という概念を最初に提唱したニュートンの功績は，時代を超えるものであることには相違ない．

定義Ⅱは文章として記述された運動量の最初の定義である．

定義Ⅲにおける固有力とは，この定義の記述を見る限りでは，慣性力のことのように思われる．しかし，ニュートンが考えていた固有力は，現在私たちが考える慣性力とは全く意味が異なるものであった．ニュートンは，慣性は質量とは別物であり，物体が本来内蔵している固有力という種類の力であると考えていた．ニュートンは，現在私たちが考える「物体はエネルギーを内蔵している」と同様の考え方を力に対して持っていたのである．そしてニュートンは先述のように，力にはすべての物体が本来内蔵し，運動状態を変えないようにする固有力と，外から作用し運動状態を変えようとする駆動力の２種類が存在すると見なし，固有力に関する慣性の法則と駆動力に関する運動の法則を，別物として提唱したのである．

後に**オイラー**（Leonhard Euler，1707-1783）は，慣性と力は別物であるとし，次のように慣性の概念を力の概念と区別した．「通常，人は物体に慣性という力（ニュートンの言う固有力）を与えているが，そこから大きな混乱が引き起こされている．なぜなら，力とは本来物体の状態を変化させうるものに対する名称であり，状態の保存が依拠しているものを力と見なすことはできないからである」．

一般に，質量は物体の運動状態が変わっても変化せず，一定値を保つ保存量であるとされているが，これは古典力学における近似であり，相対性理論では次式のように速度 v の関数になる[18)]．

$$M = M_0 \left(1 - \frac{v^2}{c^2}\right)^{-1/2}$$

ここで，M_0 は静止時の質量，c は光の速さ（$c = 2.99792458 \times 10^8\ \mathrm{ms}^{-1}$）である．

1.4 力と運動の法則

1.4.1 ニュートンの法則

古典力学では質量と力に関して次の前提を置いている．

1) 物体の質量は，力や速度などの状態量に関係なく一定である．
2) 2つの物体を一緒にすると，質量は各々の和になる．
3) 力は，運動量と速度の大きさだけではなく，向きの変化にも関係する．

ニュートンはこれらの前提の下に次の3法則を提唱した．

- **慣性の法則**：力が作用しない物体は，速度を有しないか一定の速度を有する．
- **運動の法則**：力が作用する物体は，作用力に比例する速度変動（加速度）を生じる．
- **力の作用反作用の法則**：作用力に対し反作用力は，常に逆向きで大きさが等しい．

古典力学の根幹である上記の3法則について，以下に説明する．

慣性の法則と運動の法則によってニュートンは，ガリレイが実験事実に基づき時間の関数として規定し表現した運動を，力の結果として具体的に確定することによって，物理事象を論理的に体系づける近代学術の先駆的役割を果たした．こうして古典力学は科学として出発した．

ライプニッツ（Gottfried Wilhelm Leibniz，1647-1716）は微分

の概念を創生し，**ベルヌーイ**（Daniel Bernoulli，1700–1782）やオイラーが力学の数学展開に大きく貢献するなど，ニュートン後の半世紀の間に力学の骨格が次第に構築されていった．力学は，決してニュートン単独ではなく，当時の多くの偉人の努力の蓄積で創出されたのである．それにもかかわらずニュートンの著書『プリンキピア』が力学の金字塔として存在し続けたのは，その中に古典力学の萌芽のすべてが著されていたからである．

a.　慣性の法則

ニュートンは物体を質量と見ており（1.3.6 項），慣性の法則は質量の静的機能（1.3.4 項）を規定する法則である．慣性の法則に記されている一定の速度は，速さと方向が共に変化しない等速直線運動を意味する．

「仮に地球が動いて自転しているとすれば，高所から真下に自由落下する物体は，地球表面の西から東に向かう運動から取り残されて，落下し始めた場所よりはるかに西の地点に着地するはずである．そういうことが起こらず，落下した場所の真下に物体が着地するのは，地球が自転も公転もせず静止している証拠である」このような主張が古代以来の天動説の論拠であった．「落下前に地球と共に動いていた物体は落下中の自由状態でもその動きを続ける」という慣性の法則の発見は，この天動説のよりどころを根底からくつがえし，**コペルニクス**（Nicolaus Mikolaj Kopernik，1473–1543）の地動説に物理学的基礎を初めて与えた．

慣性の法則を発見したガリレイは，それを単なる実験事実として認識し，その原因については考察しなかった．ニュートンは，この原因がすべての物体に内在し，運動の現状態を維持し続けようとする固有力という力にあるとし，これを力と運動の関係を表す力学的法則のうちの第 1 法則と位置付けた．オイラーはこれを否定し，慣性は力ではなく物体本来の性質であるとした（1.3.6 項）.

慣性の法則が第 1 法則とされるのは，次の 3 つの理由による.

第 1 に慣性系という座標系を規定している．ニュートンの法則に用いられている速度の概念は，物体の運動を具体的に観測する基準となる座標系があって初めて意味を持つ．慣性の法則はこの座標系の存在を主張している．慣性の法則が成立するこの座標系を**慣性座標系**または**慣性系**と呼ぶ.

オイラーがいうように，慣性の法則は運動の法則において力が 0 である特別の場合の記述であることには相違ないが，運動の法則に含まれると解釈してはならない．運動の法則自体は力が作用しない場合については何も言及していない．慣性の法則は，慣性系の存在を主張する，運動の法則から独立した法則である.

第 2 にガリレイの相対性原理の存在を主張している．1 つの慣性系に対して等速度直線運動をしているすべての座標系では慣性の法則が成立するから，それらも慣性系である．慣性系は無数に存在するのである．私たちは，時間というものは世界の全現象を通して統一され，宇宙にただ 1 つしかないことを暗黙の前提として物事を考えており，この時間を絶対時間という．絶対時間が存在すれば，それはどの慣性系においても共通であるから，互いに一定の相対速度を有する複数の慣性系では，速度をその共通の時間で微分して得られる加速度は同一になる．したがって，無数に存在する慣性系のすべてにおいて，運動の法則は全く同一である.

このことは，すべての慣性系にいる観測者にとって，運動を観測し扱う手続きが同じであることを意味している．したがって，2 つの慣性系にいる 2 人の観測者は，どちらも同等の権利をもって，自分が静止していて相手が動いている，と主張できる．これを逆にいえば，力学法則に基づくかぎり，相対的に一定速度で動いている 2

つの慣性系のうち，一方が絶対的に静止していると主張する権利はどちらにもない．これが**ガリレイの相対性原理**であり，それゆえ慣性系をガリレイ系とも呼ぶ．

第3に力の働きを確定している．ガリレイ以前には，力は運動（速度）を生じさせるものであり，運動している物体には常に力が働き続けており，力が働かないと物体は静止に向かう，とされていた．例えば，神が天体に力を作用させ続け地球のまわりを回転させている，と考えられていた．これに対して，力が作用いていない物体は一定の運動を続ける，という慣性の法則は，力は運動を“生じさせる”ものではなく，“変化させる”ものであると，主張している．このことがニュートンに第2法則を発想させたのである．

b.　運動の法則

1.3.6項で述べたように，ニュートンは物体を質量と見ており，運動の法則は質量の動的機能（1.3.4項）を規定する法則である．質量は力しか受けることができない（1.3.5項3)）から，質量に対する作用は力で行われることを，運動の法則の前提としている

力は，運動そのものの原因ではなく運動を変化させる（加速度を生じさせる）原因である，というのが第2法則の意味である．加速度は，ある慣性系から別の慣性系への連続的変化の割合であるから，力は慣性系を変化させる原因である，ということもできる．

運動の法則の数式表現（式1.12）は，オイラーの論文『力学，もしくは解析学的に定義された運動の科学』（1736）に初めて現れる[1)]．このように，ニュートンの第2法則が現在の形に定式化されるまでには，ニュートンの著書『プリンキピア』（1687）以後50年を要したのである．力学の発展へのオイラーの貢献は，ニュートンに劣らず大きいといえる．

運動の法則を決めるのは質量というただ1つの量であり，その表

現は後述式 1.12 のように極めて簡単明解である．万物を支配するこの法則の驚くべき単純さ！　これこそニュートンの発見の偉大さと自然界におけるこの法則の重要性を如実に示している．

c.　力の作用反作用の法則

前述のように力学は，「力が作用して運動が生じる」ことを扱う学問であり，また「力は物体間に直接作用する」という遠隔作用（1.1.1 項）の立場をとるから，この法則における作用は，2 物体間に働く力によってなされることを暗黙の前提としている．2 つの物体の一方が他方に力を及ぼしているときには，必ず他方も一方に力を及ぼしており，それらの力は両物体を結ぶ直線に沿って互いに逆向きに作用し大きさが等しいから，一方を作用，他方を反作用と呼ぶ．

これは一見「力が働くときには必ず 2 つの別の力が対で現れる」ことを意味すると誤解釈しがちである．しかし，力の作用反作用の法則は「力は，作用と反作用の 2 つを，別々に分けることも，個別に定義することも，互いに独立して存在させることもできず，両者を合わせたものが 1 つの力である」という意味であり，「力を加えることは加えられること」と表現するほうがわかりやすい．作用源が物体に作用力を加えることを，物体上にいる観測者から見れば，作用源からの作用力と逆方向で同じ大きさの力を，作用源に対して加えることになる．このように，作用力と反作用力は 1 つの力の表裏 2 面であり，両者が共にあってはじめて 1 つの力が存在する．力とはそういうものなのである．

1.4.2　法則の対称性

前述のニュートンの法則を以下に再記する．

- **慣性の法則：力が作用しない物体は速度を有しないか一定の速度**

を有する.

- **運動の法則：力が作用する物体は作用力に比例する速度変動（加速度）を生じる.**
- **力の作用反作用の法則：作用力に対し反作用力は常に逆向きで大きさが等しい.**

物理学は自然界の物理事象を忠実に記述する学問である．自然界は対称であり閉じた因果関係からなる以上，それを表現する物理法則は対称性と閉じた因果関係を有するはずである（1.1.2 項）．一般に物理学では，法則の正当性が①実験事実と合うこと，②対称性を有すること，の 2 つで判断される（1.1.3 項 2)）．しかし在来力学では，専ら①によって法則の正当性が証明されており，②に関してはこれまで議論されていなかった．長松昭男は，力学も物理学である以上例外ではなく，力学を構成する物理法則には対称性が存在すべきであると考える．そこでまず，力学の根幹をなす上記のニュートンの法則に対称性を導入することを試み，以下の 3 法則を新しく提唱する[1),2)]．

- **弾性の法則：速度が作用しない物体は力を有しないか一定の力を有する.**
- **力の法則：速度が作用する物体は作用速度に比例する力変動を生じる.**
- **速度の作用反作用の法則：作用速度に対し反作用速度は常に逆向きで大きさが等しい.**

一般に新概念を導入する場合には，議論を可能にするためにこれらに何らかの名称を付加することが不可欠になる．しかし一方では，「法則」という名称は万人が認めた上で初めて公式に使うことが許される．上記の新しい 3 法則の名称は，長松昭男がこのことを十分承知の上で万やむをえず独断で付与した仮称であることを，お詫びと共に記しておく.

長松昭男が提唱する上記 3 法則は,「力」と「速度」という 2 つの言葉の相互入換以外には,ニュートンの 3 法則と全く同一の文章で表現されている.これは,**ニュートンの 3 法則と長松昭男の 3 法則が,力と運動(速度)に関して互いに対称・双対の関係にあること**を意味する.

a.　弾性の法則

弾性の法則は,物体を弾性と見なし,弾性の静的機能(1.3.4 項)を規定している.そこで当然ながら,弾性の法則は弾性という力学特性を有する物体である弾性体に対してしか適用できない.弾性体は質量と弾性の両方からなるから,弾性体では慣性の法則と弾性の法則が共に成立し,両者は互いに対称・双対の関係にある.

弾性は速度しか受けることができない(1.3.5 項 3))から,弾性に対する作用は速度で行われることを,弾性の法則の前提としている.弾性の法則において「速度が作用しない」という言葉は,弾性(ばね)の両端に不連続速度(速度差 = 両端間の相対速度)が存在しないことを意味する.このとき弾性体は,弾性力が 0 の自然長かまたは両端を一定の距離で拘束され一定の内力(弾性力)を有している状態であり,静止または剛体運動をしている.剛体運動の速度 v が変化する場合には,弾性体を構成する質量が保有する運動エネルギー(式 1.7)は変化するが,弾性力 f は一定のままであるから,弾性が保有する弾性エネルギー(式 1.9)は変化しない.

b.　力の法則

力の法則は,物体を弾性と見なし,弾性の動的機能(1.3.4 項)を規定している.弾性体は質量と弾性の両方からなるから,弾性体では運動の法則と力の法則が共に成立し,両者は互いに対称・双対の関係にある.

弾性は速度しか受けることができない（1.3.5 項 3)）から，弾性に対する作用は速度で行われることを，力の法則の前提としている．力の法則において「速度が作用する」という言葉は，弾性（ばね）の両端間に不連続速度（速度差 = 両端間の相対速度）を与えることを意味する．このとき弾性体の内力（弾性力）は変動し，同時にばね両端間の距離が変化して変形を生じる．

質量は力を受けてそれを速度に変える（1.3.4 項）．運動の法則は，作用力が質量によって速度変動に変換され，時間と共に蓄積された結果として速度が変化することを意味し，「力が原因で運動（速度）が結果」という，片方通行の因果関係を支配する．一方，弾性は速度を受けてそれを力に変える（1.3.4 項）．力の法則は，作用速度が弾性によって力変動に変換され，時間と共に蓄積された結果として弾性力が変化することを意味し，「運動（速度）が原因で力が結果」という，前記と逆方向通行の因果関係を支配する．したがって，**力の法則を運動の法則に加え合わせることによって初めて，弾性体における力と運動の世界を支配する双方向に閉じた因果関係を力学に導入できる．**この閉じた因果関係の典型例が自由振動であり，自由振動の発生機構の正しい説明は力の法則の導入によって初めて可能になる．

運動の法則は，力は運動を生じるというだけで力の原因には関知しないから，運動を生じるあらゆる種類の力に対して成立し，力学全体を支配する．これに対して力の法則は，力の発生原因を規定するから，それが可能である弾性力に対してしか適用できず，弾性体の力学のみを支配する．

力の法則は弾性体のみを対象とするから，力と速度の間に閉じた因果関係が成立するのは，弾性体の力学のみである．それ以外では力は外から与えられ（例えば万有引力），力学は力の発生原因には関与しないから，もともと閉じた因果関係は実現できない．

運動の法則を数式で表現すれば

$$f = M\dot{v} \tag{1.12}$$

力の法則を数式で表現すれば

$$v = H\dot{f} \tag{1.13}$$

力 f と速度 v，質量 M と弾性 H がそれぞれ互いに対称・双対であるから，**式 1.12 と 1.13 は互いに対称・双対の関係にある．** 弾性体の力学では，互いに対称・双対の関係にある式 1.12 と 1.13 が共に成立する．

c.　速度の作用反作用の法則

1.4.1 項 c で述べたように力の作用反作用の法則は，「物体 A から物体 B に力を作用させることを物体 B 上にいる観測者から見れば，物体 B から物体 A にそれと逆方向で大きさが等しい力を作用させることである」ことを意味する．これに対して長松昭男が提唱する速度の作用反作用の法則は，「物体 A から物体 B に速度を作用させることを物体 B 上にいる観測者から見れば，物体 B から物体 A にそれと逆方向で大きさが等しい速度を作用させることである」ことを意味する．上記の 2 文章は力と速度の入換以外には全く同一であり，これら両法則は互いに対称・双対の関係にある．

地上に静止している人から速度 v で走る電車に乗っている人を見ると速度 v で移動しており，逆にこの電車に乗っている人から地上に静止している人を見ると速度 $-v$ で移動している．「すべての運動は相対的である」あるいは「慣性系は無数に存在し，どの系でも同一の力学法則が成立する」という**ガリレイの相対性原理**[12)] によれば，これら両者間に優劣の差はなく，両者共に同等の権利をもって，「自分が静止し相手が動いている」ことの正当性を主張できる．これら両者は共に真の事実であり同一の現象なのである．これが，長松昭男が提唱する速度の作用反作用の法則である．速度の作用反作用の法則は，ガリレイの相対性原理の別表現にすぎない．

前述のように，ニュートンの3法則は共に力学全体を支配する法則である．これに対し，力の種類を弾性力に限定する弾性の法則と力の法則は，弾性体の力学に対してしか適用できない．しかし速度の作用反作用の法則は，速度の発生原因が何であっても速度が存在しさえすればそのまま成立するから，力の作用反作用の法則と同様に，弾性体の力学のみでなく力学全体を支配する法則である．

1.4.3　力の釣合い

質点に複数の力 $\boldsymbol{f}_i \, (i = 1, 2, \cdots)$ が作用するとき，それらの合力が0であることを，力の釣合いが成立するという．これを表現する力の釣合い式は

$$\boldsymbol{f} = \sum_i \boldsymbol{f}_i = 0 \tag{1.14}$$

現在，力の釣合いという概念の意味については，以下に示すように若干の混乱がある．

高校教科書[12]には，力の釣合いが次のように定義されている．「1つの物体にいくつかの力が同時に働いていて，それらの合力が0のとき，これらの力は釣り合っているという．物体に働く力が釣り合っているとき，その物体は静止または等速直線運動をする」．高校教科書に書かれている以上，これは現在の正しい定義であると考えてよい．これを逆に見れば，力を受けて運動の法則に従って加速度を生じ速度が変化しながら運動している物体は，すべて力の不釣合い状態にあることになる．

ケルビン（William Thomson，Load Kelvin，1824-1907）は，「静力学は力の釣合いを扱い，動力学は物体の運動を生み出す，ないしは運動を変化させる，釣り合っていない力の効果を扱う」と述べている[1),2)]．これによれば動力学における運動方程式は，加速度を含み運動が生み出されたり変化したりする状態を表現しているから，すべて力の不釣合い式であることになる．

一方，**ダランベール**（Jean le Rond d'Alembert，1717-1783）は「釣合いの法則」を提唱し，力の釣合いは力学全体でいかなる場合にも成立する，とした[1),2)]．後世の力学者は，この法則に基づいて「静力学と動力学は力の釣合いによって統一できる」とし，これを「**ダランベールの原理**」と称した．法則・原理は例外を許さないから，これによれば力の釣合いが成立しない力学的状態は存在しないことになる．事実私たちは日常，力の釣合いがいかなる場合にも成立することを前提として，動力学の運動方程式を導いている．

本節では，力の釣合いの正しい意味を説明し，上記の混乱を解消する．

実は現在，力の釣合いという言葉は，次の2通りの意味で用いられているのである．

1)　狭義の力の釣合い　これは高校教科書に記され，ケルビンがいう釣合いである．

物体（質量）に力が作用すれば質量から必ず反作用力が返ってくる．狭義の力の釣合いでは，反作用力は勘定に入れず，作用力のみで釣合いの成否を論じる．狭義の力の釣合いが成立する場合には，作用力のみの総和としての式1.14が成立するから，力が釣り合うことと作用力が存在しないことは等価になる．このとき質量は，慣性の法則に従って静止か一定の速度を続ける．一方，狭義の力の釣合いが成立しない場合には，質量は運動の法則に従って加速度を生じ，運動が変化する．

狭義の力の釣合いは力学エネルギーの均衡と等価である．狭義の力の釣合いが成立する場合には，力学エネルギーは均衡状態にあって流動せず，質量は静的機能（1.3.4 項）を演じる．一方，狭義の力の釣合いが成立しない場合には，力学エネルギーは不均衡状態にあって流動し，質量は動的機能（1.3.4 項）を演じ，均衡状態に復帰しようとして加速度を生じる．

狭義の力の釣合いは，成立する場合としない場合があるから，単なる力学条件であり，法則・原理ではない．

2)　広義の力の釣合い　これはダランベールがいう力の釣合いであり，「広義の力の釣合い ＝ ダランベールの原理 ＝ 力の作用反作用の法則」の関係がある[1)]．

広義の力の釣合いでは，作用力と反作用力を別個の力として扱っている．作用力は必ず反作用力を伴い，作用力と反作用力を足せば必ず 0 になるから，広義の力の釣合いはいかなる場合にも成立する法則である．狭義の力の釣合いが成立する場合にも作用反作用の法則はもちろん成立するから，広義の力の釣合いは狭義の力の釣合いを含む．

ニュートン・ダランベールの時代には，釣合いの概念がまだ未分化で力学エネルギーの概念も存在しなかった[16), 17)]ため，力の作用反作用・力の釣合い・力学エネルギーの均衡，の 3 者間の区別がついていなかった．そして，ケルビンの時代にこれら 3 者が初めて分化し区別され，狭義の釣合いの概念が生まれた[16)]．

質量に作用する力が 1 つである場合には，合力が形成できないから，力の釣合いの議論の対象にはならないが，強いていえばこの場合には必ず狭義の力の不釣合い状態にあり，運動の法則に従って加速度を生じ運動が変化する．もちろんこの場合には，力の作用反作用の法則が成立するから，広義の力の釣合いは成立する．

狭義の力の釣合いは，力学エネルギーの均衡状態を扱う静力学では成立し，不均衡状態を扱う動力学では成立しない．他方，広義の力の釣合いは，力学エネルギーの均衡・不均衡には関係なく，力が存在するいかなる場合にも常に必ず成立する．したがって広義の力の釣合いに基づけば，静力学と動力学を同一の方法で扱うことができる．

運動方程式は，加速度を含み変化する運動を表現するから，狭義の力の不釣合い式である．同時に運動方程式は，作用源から質量に作用する作用力と質量から作用源に作用する反作用力（慣性力）の和が 0 である，という力の作用反作用の法則を表すから，広義の力の釣合い式である．例えば運動の法則を表す式 1.12 を変形した

$$f + (-M\ddot{x}) = 0 \tag{1.15}$$

は，質量 M に対する単一の作用力 f とその反作用力である慣性力 $-M\ddot{x}$ の和が 0 になるという，力の作用反作用の法則の記述式である．式 1.15 は狭義の力の釣合いから見れば加速度を含み運動が変化する力の不釣合い状態を表現する式であり，作用力のみの和が 0 という式 1.14 とは異なるが，広義の力の釣合いから見れば作用力と反作用力の両者の和が 0 という力の釣合い式であり，式 1.14 の一種である．

力の釣合いに関する現在の混乱は，狭義と広義を混同して用いるために生じたものであり，上記のように両者を区別することによって解決できる．

弾性体の力学に話を移す．**図 1.1** に示すように弾性体は，多数の質量と多数の弾性（ばね）が網の目のように複雑多岐に連結された多自由度系としてモデル化できる．弾性体内の任意の点 A には，

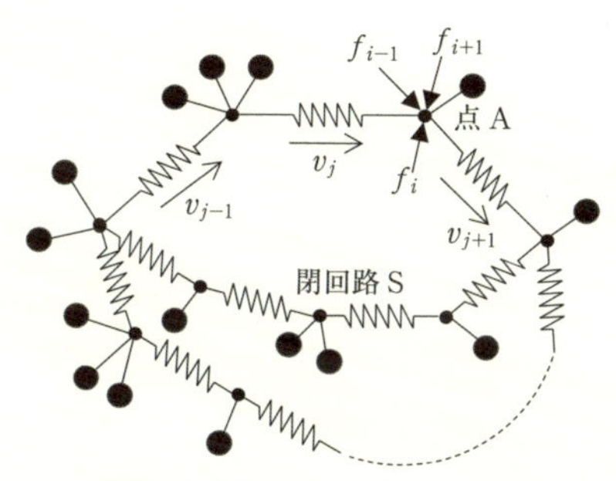

図 1.1　多自由度系の力学モデル

それに接続する外部と弾性から複数の力 $f_i(i = 1, 2, \cdots)$ が作用する．これらの力は，点 A に加えられる個々の作用力とそれに対する反作用力であり，それらの総和に関しては，力学エネルギーがこの点を流動するか否かには無関係に，作用力が存在すればいかなる場合にも式 1.14 が成立する．これが弾性体の力学における広義の力の釣合い（ダランベールの原理）であり，これは力学法則である．

1.4.4　速度の連続

物体（弾性体）の力学的性質のうちで速度を受けるのは弾性である（1.3.5 項 3)）から，速度の作用と連続を議論する場合には，物体を弾性と見なす．物体を質量と見なす場合の力の釣合い・不釣合いの概念は力学全体に適用できるが，速度の連続・不連続の概念は弾性体の力学にしか適用できない．弾性体の力学に限っては，力の釣合いと速度の連続は対称・双対の関係にある概念であり（1.3.4 項)，したがって速度の連続にも力の釣合いと同様に狭義と広義の2 通りの意味がある．まず，**狭義の速度の連続**について説明する．

物体を弾性と見なすことを前提として，狭義の速度の連続は次のように定義される.「物体に複数の速度を与えても弾性力が生じないか一定の弾性力を維持するとき，速度は連続しているという」.狭義の速度の連続状態にある物体は，弾性の法則（1.4.2 項 a）に従って 0 を含む弾性力一定の状態を保つ．これに対して狭義の速度の不連続状態では，物体内の自由度間に相対速度（速度差）が生じ，隣接する 2 つの自由度間を連結している弾性内には，力の法則（1.4.2 項 b）に従って弾性力の変動を生じる．このように狭義の速度の連続は，成立するときとしないときがあるから，いかなる場合でも成立する法則ではなく，単なる力学条件にすぎない.

次に，**広義の速度の連続**について説明する．図 1.1 に示す多自由度系内において，複数の弾性（ばね）の直列接続からなる任意の閉回路 S について考える．この閉回路を形成する個々の弾性 $j (j = 1, 2, 3, \cdots)$ には，相対速度（= 両端間の速度差 = 狭義の作用速度（1.4.2 項 b）) v_j が存在しているとする．この閉回路を 1 周すれば元の接続点に戻るから，各弾性に作用する速度の 1 周にわたる総和は必ず 0 になり，次式が例外なく成立する.

$$v = \sum_j v_j = 0 \tag{1.16}$$

このように広義の速度の連続は，単一の弾性ではなく弾性体内の任意の閉回路を形成する複数の弾性の閉連鎖全体に対して成立する概念である．式 1.16 はいかなる場合にも成立するから，広義の速度の連続は力学法則である.

1.4.5 フックの法則

在来力学では，フックの法則は静力学を，ニュートンの法則は動力学を支配する法則であり，両者は無関係であるとされている．また，フックの法則の対称・双対となる法則は，在来力学の中には存在しない．しかし，弾性体の力学ではニュートンの法則とフックの法則を用いて運動方程式を立てるのが常道であることから推察できるように，両者は共に弾性体の力学を構成する法則であり，何らかの相互関係があるはずである．また，フックの法則も物理法則である以上，それと対称・双対となる法則が存在するはずである．

さて，力 f の時間積分は運動量 p であるから，式 1.12（運動の法則）を時間で積分すれば

$$p = Mv \tag{1.17}$$

式 1.17 は運動量の定義である（1.3.6 項の定義Ⅱ）．一方，速度 v の時間積分は位置 x であるから，式 1.13（力の法則）を時間で積分すれば

$$x = Hf \tag{1.6}$$

式 1.6 はフックの法則（式 1.5 の別表記）である．力 f と速度 v，それらを時間積分した運動量 p と位置 x，質量 M と弾性 H はそれぞれ互いに対称・双対であるから，式 1.17 と 1.6 は互いに対称・双対の関係にある．このように**フックの法則は，長松昭男が提唱する力の法則の時間積分に他ならず，運動の法則の時間積分である運動量の定義と互いに対称・双対の関係にある**ことが明らかになった．

式 1.6 は弾性 $H = 1/K$ が時間に依存しない不変量であるという仮定の下に，力の法則である式 1.13 を時間積分して得られた式である．このことは，フックの法則は厳密には線形弾性系にしか適用できないことを意味する．これに対して力の法則は，共に瞬時状態量である力と速度の関係を規定するから，線形・非線形を問わずすべての弾性体に適用できる，フックの法則よりも普遍性を有する基本的な法則である．

以上のように，**長松昭男による新しい力学法則の提唱によって初めて，これまで無関係とされていたフックの法則とニュートンの法則を関係付けることができ，またフックの法則に対称性を導入できた．**

1.5 運動量の法則

1.5.1 歴史的背景

自動車が何かに衝突したとき，それがダンプカーか軽乗用車かによって対象物の被害が異なる．また衝突前の速さによっても異なる．このように，運動している物体が他に与える影響の大きさは，その物体の重さと速さの両方によって決まることは，昔から知られていた．

ビュリダン（Jean Buridin，1300–1358）は，重さと速さの積として定義されたインペトゥス（impetus：勢い）という概念を提唱して，「投射物体が連続的に空気中を前進し移動するとき，その物体はインペトゥスを有する」とした[15]．運動している物体が他に影響を与える能力は運動量で測られることを最初に提唱したのはデカルトであるとされているが，このインペトゥスが運動量の原点ではないかと思われる[1),2)]．なお，運動量の説明が明文化された形で残っているものとしては，ニュートンの定義Ⅱ（1.3.6 項）が初めてである．

運動の法則（1.4.1 項 b）では「速度変動（加速度）」の言葉を用いているが，これはあくまで現在の表現であり，ニュートンの著書『プリンキピア』にはこの言葉ではなく「運動の変化」という言葉が用いられている[16]．ニュートンの法則が提唱された時代にはまだ微分という概念がはっきり確立されておらず，運動の法則の表現式

1.12 は，ニュートンが運動の法則を提唱した半世紀後にオイラーが定式化したものである（1.4.1 項 b）．ニュートンの原点に帰れば運動の法則は，有限時間の運動の変化を現し $f\,\Delta t = M\,\Delta v = \Delta(Mv)$ と定式化するのが妥当である．この式は運動量の法則（式 1.24）に他ならない．このことから，ニュートンの第 2 法則は運動量の法則であるともいえる．これに関して**マクスウエル**（James Clerk Maxwell, 1831–1879）は「ニュートンのいう駆動力は撃力（impulse：力積）であり，力の強さだけではなく持続時間も考慮に入れられている」と述べている[16]．

2 個の物体が衝突する場合の運動量保存の法則を，以下に導く．

物体 1 と 2 が衝突し，互いに力を及ぼし合っているとする．両物体の質量を M_1 と M_2，速度を $\boldsymbol{v}_1$ と $\boldsymbol{v}_2$ とし，物体 2 から 1 に及ぼす力を $\boldsymbol{f}_{21}$，物体 1 から 2 に及ぼす力を $\boldsymbol{f}_{12}$ とすれば，運動の法則は式 1.12 より

$$M_1\dot{\boldsymbol{v}}_1 = \boldsymbol{f}_{21}, \qquad M_2\dot{\boldsymbol{v}}_2 = \boldsymbol{f}_{12} \tag{1.18}$$

力の作用反作用の法則から $\boldsymbol{f}_{12} = -\boldsymbol{f}_{21}$ であるから，式 1.18 より

$$M_1\dot{\boldsymbol{v}}_1 + M_2\dot{\boldsymbol{v}}_2 = 0 \tag{1.19}$$

質量が不変であるとして式 1.19 を時間で積分すれば

$$M_1\boldsymbol{v}_1 + M_2\boldsymbol{v}_2 = \text{一定} \quad \text{すなわち} \quad \boldsymbol{p}_1 + \boldsymbol{p}_2 = \text{一定} \tag{1.20}$$

多数の物体間の相互作用においても，それらをまとめて 1 つの系と見るときには，その系を構成する物体の間に作用するすべての力は内力であり，互いに打ち消し合うので，外から系に働く外力が存在しない限り，系の全運動量は変化しない．外力が存在する場合には，全外力の和が全運動量の変化率に等しい．

このように古典力学では，運動量保存の法則はニュートンの運動の法則と力の作用反作用の法則から導かれる法則である，として説明されている．もちろんこのことは正しいが，運動量保存の法則は，力学エネルギー保存の法則と同様に，運動の法則よりも基本的かつ一般的な法則である．

古典力学では，質量 M が不変の仮定の下に運動の法則の式 1.12 を時間積分して運動量の式 1.17 を求めている．しかし 1.3.6 項末尾に記したように，質量は速度の関数であり不変ではないから，質量を定数とする式 1.17 は古典力学特有の近似式である．相対性理論では運動量は，式 1.17 に 1.3.6 項で記した相対性理論における質量の定義式を代入して，次のように修正される[18]．

$$p = M_0 v \left(1 - \frac{v^2}{c^2}\right)^{-1/2} \tag{1.21}$$

式 1.21 を用いれば，相対性理論でも運動量保存の法則は成立する．

量子力学では，質量の意味は古典力学と異なったものになるが，運動量の概念は存在する[20]．すなわち，物質を粒子と考えれば運動量は Mv であるが，物質を波動と考えれば運動量は単位長さあたりの波数で測定され，波数が大きいほど運動量は大きい．また量子力学では $f = M\dot{v}$ の関係は成立せず，ニュートンが運動量保存について導き出したことはすべてが正しくはないが，それでも運動量保存の法則は成立する．例えば，電子のように小さい粒子と X 線のような電磁波間の相互作用では，X 線は粒子として働く．その振動数を λ とすれば，X 線の粒子すなわち光子は，次式で表される運動量を持つ．

$$p_c = \frac{h\lambda}{c} \tag{1.22}$$

ここで，h は**プランク定数**（$h = 6.6261 \times 10^{-34}$ J・s）（Max Karl

Ernst Ludwig Planck, 1858-1947）である．そして，電子の運動量と光子の運動量を加えたものは保存される．ただし電子の速度は大きいので，その運動量は式 1.21 で表される．このように，量子力学においても運動量保存の法則は成立する．

1.5.2　対称性の導入

運動量の法則と運動量保存の法則の対称性については，在来力学では全く議論されていない．長松昭男は，これらの法則に対称性を導入することを新しく試みる．

力の時間積分は運動量（力積），速度の時間積分は位置（速度積）であるから，力と速度が互いに対称・双対である以上，運動量 p と位置 x も互いに対称・双対であると考えるのは自然である．このことの正当性は，次の不確定性原理[12] から類推できる．

$$\Delta p \, \Delta x \geqq \frac{h}{4\pi} \tag{1.23}$$

事実，解析力学における**ハミルトン**（Sir William Rowan Hamilton, 1805-1865）の正準方程式[2]，および量子力学における**シュレーディンガー**（Erwin Schrödinger, 1887-1961）の運動方程式[20] では，互いに対称・双対となる基本状態量を，ニュートンの運動方程式の基本状態量である力と速度とは異なり，運動量と位置にとっている．

運動量の法則は，**「運動量の時間変化は力積に等しい」**または**「運動量の時間変化率は力に等しい」**と記述される．これを式で表現すれば

$$p(t_2) - p(t_1) = \int_{t_1}^{t_2} f \, dt \quad \text{または} \quad \dot{p} = f \tag{1.24}$$

上記の運動量の法則の記述において，運動量 p と力 f を，それぞ

れと対称・双対の関係にある位置 x と速度 v に書き換えれば，**「位置の時間変化は速度積に等しい」**または**「位置の時間変化率は速度に等しい」**という，自明の事実になる．ここではこれを仮に**「位置の定義」**と呼ぶことにする．これを式で表現すれば

$$x(t_2) - x(t_1) = \int_{t_1}^{t_2} v\,dt \quad \text{または} \quad \dot{x} = v \tag{1.25}$$

式 1.24 と式 1.25 は互いに対称・双対の関係にあることは，一見して明らかである．

「速度が作用しない物体の位置は保存される」という自明の事実を，ここでは仮に**「位置保存の定義」**と呼ぶことにする．そうすれば，**「力が作用しない物体の運動量は保存される」**という運動量保存の法則と位置保存の定義は，互いに対称・双対の関係にある．

運動量の法則と運動量保存の法則，および位置の定義と位置保存の定義は，力の作用反作用の法則と速度の作用反作用の法則と同様に，自明で当たり前の事実であり，力学エネルギー保存の法則の成立・不成立とは無関係にいかなる場合にも常に成立し，力学全体を支配する．法則とは，このように自明で当たり前の事実なのである．**長松昭男による以上の新事実の指摘によって初めて，ニュートンの法則・フックの法則と同様に，運動量の法則・運動量保存の法則に対して対称性を導入でき，力学を構成する主要な基本法則における対称性の存在が明らかにされた．**

1.6 力学エネルギー

1.6.1 エネルギーとは

本書では**力学の基本を，在来力学の「力が作用して運動を生じる」という力と運動を表に出した概念から，「力学エネルギーの均**

衡状態ではそれを保とうとし，その不均衡状態では均衡状態に復帰しようとする」というエネルギーを表に出した概念に変えることを試みている．エネルギーは物理学で最も重要な物理量であるから，本節ではまずエネルギーについて詳しく論じ，次に力学エネルギーに対称性を導入する長松昭男の新しい試みについて述べる[2)]．

英語の energy はギリシャ語の energeia から由来する．この言葉の中の en は英語の in，ergon は英語の work（仕事）の意味である．この言葉から理解できるように力学では，エネルギーは「**物体が他に対して仕事をする能力を持つとき，物体はエネルギーを持つという**」と定義されている．この定義から見れば，エネルギーは仕事をする方向からされる方向へと流動する，と考えるのが自然である．

エネルギーは物理学では明確に定義され定式化されているが，それは数学的な抽象量である．エネルギーとは何か？については，時間とは何か？についてと同様に，現在の物理学では何もいえない．古典力学ではエネルギーと物質は別物であり，後者が前者を保有する，と考えられているが，アインシュタインによれば，これら両者は同一であり，エネルギーを保有することは物質が存在することそのものである．このことは広島と長崎における人類史上最悪の人体実験で実証された．エネルギーには**図 1.2** のように，重力，運動，熱，弾性，電気，化学，輻射，核，質量など，様々な形態がある．

古典力学では力を遠隔作用と見なしており（1.1.1 項），物体を透過し空間に遍在する万有引力は，位置エネルギーを保有している物体同士が直接作用し合う力である，と考えられている．

熱エネルギーは基本的には原子・分子の微視的不規則振動の運動エネルギーである．しかし，温度が高いと，激しく振動をする原

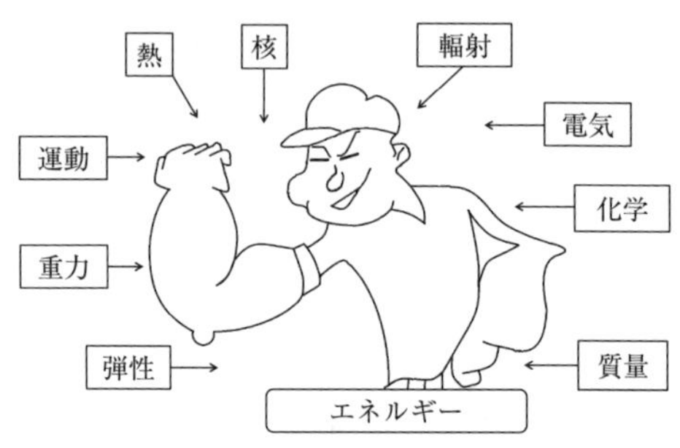

図 1.2　エネルギーの形態

子・分子同士が衝突し反発し合うために，物体を構成するすべての原子・分子間の平均距離が，常温のときよりもわずかに大きくなる．これを巨視的観点から見れば，温度上昇に伴う体積の熱膨張であり，位置エネルギーの増加である．このように熱には位置エネルギーが少し入ってくるので，すべてを運動エネルギーとして扱うことはできない．

電気エネルギーは電荷の斥力と引力に関係する．電磁気学では，電気・磁気のエネルギーは場に宿るとしている（2 章）．その正当性は，時間と空間以外に何もない真空中を伝わる電磁波の存在から明らかである（表 2.2）．光は，電子レンジで利用する電磁波と同様に，電磁界という場の波動[2)]であり，エネルギーの 1 つの形態である．

化学エネルギーの主なものは，電子と陽子の相互作用が生む電気エネルギーであり，大部分は電気力による位置エネルギーである．残りは原子核のまわりを運動する電子の運動エネルギーである．

1.6.2　エネルギーの保存

古代から人類は，実用的な欲望から，現在私たちがしているように石油を燃やしたり，原子核を分裂させる必要がなく，永遠に物を運んだり持ち上げたりし続ける機械を作ろうと努力してきた．このような機械を第1種の永久運動と呼ぶ．第1種の永久運動が不可能であることに気付いたのは，**ダビンチ**（Leonardo da Vinci, 1452-1519）であった．18世紀末には，物体は純粋に力学的な方法では，初速度が0で自由落下を始めた高さより高いところには，自らでは到達できないことが実証され，今日力学エネルギーと呼ばれるものが保存されることがわかっていた．

しかし，熱現象をも含む機械を作れば永久運動は実現できるのではないかという議論は，19世紀に入ってもなされていた．このような機械を第2種の永久運動と呼ぶ．第2種の永久運動の可能性を否定し，力学の範囲を超えて熱の現象をも含めた**エネルギー保存の法則**を発見したのは，1842年の**マイヤー**（Julius Robert von Mayer, 1814-1878）である．これに続いて，しかしこれとは独立に，1840-1845年に**ジュール**（James Prescott Joule, 1818-1889），1847年に**ヘルムホルツ**（Hermann Ludwig Ferdinand von Helmholtz, 1821-1894）によって，エネルギー保存の法則は実験的にも理論的にも確立された[16)]．これらによって，永久運動の実現は完全に否定され，エネルギー保存の法則は不動のものとなった．永久に運動し仕事をし続けるものは存在しない，というのがエネルギー保存の法則の一般的記述である．

一般に物理学では，保存される量が重要な役割を持つ．今日まで知られている，あらゆる自然現象の全部に当てはまる事実（法則）が1つある．それがエネルギー保存の法則であり，**自然界でどのような現象が起こってもエネルギーという量は変化しない．**

1.6.3　仕事とは

先にエネルギーを「仕事をする能力」と定義したが，この定義を

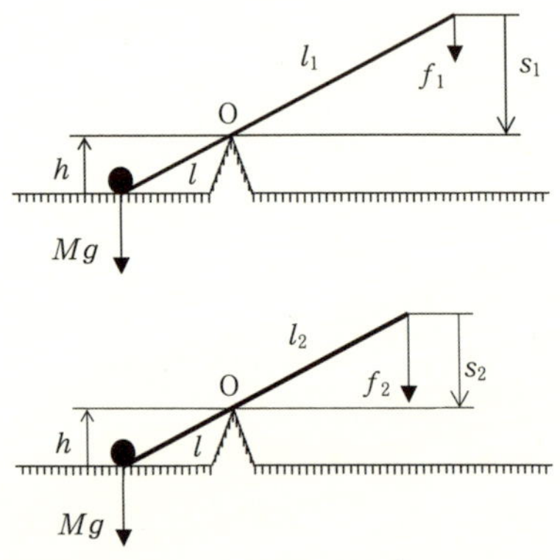

図 1.3　同じ重さの石を持ち上げる 2 つのてこ

有効にするためには仕事というものを定義しておく必要がある．仕事という物理量が「力 × 距離」と定義されることは中学生でも知っているが，なぜそうするのだろうか．以下にその理由を説明する [2)]．

図 1.3 に示すように，重さ Mg の石を地上から高さ h まで持ち上げるのに使う 2 つのてこを考える．てこの支点から石までの腕の長さを l，図上部の力 f_1 の作用点までの距離を l_1 とすれば，てこの原理から $f_1 l_1 = Mgl$ の関係が成立し，加える力は $f_1 = Mgl/l_1$ になる．同様に，支点から石までの腕の長さが l，力 f_2 の作用点までの距離が l_2 である図下部のてこに加える力は $f_2 = Mgl/l_2$ になる．これらから

$$f_1 l_1 = f_2 l_2 \tag{1.26}$$

今，図 1.3 のように $l_1 > l_2$ とすれば，式 1.26 から $f_1 < f_2$ となり，腕を長くするほど加える力は小さくてすむ．しかしこのとき，石を高さ h だけ持ち上げるという行為の結果はどちらの場合も同じである．したがって，石を持ち上げるという仕事に対する評価を

力の大きさで行うのは，不公平で不合理である．行為の結果が同一であれば，なした仕事の量にも同一の値を与えるべきであろう．式1.26を見ると，加える力と腕の長さの積は2つのてこで同じになっている．そこでこの積を，石を持ち上げるという仕事の量とするのが，公平で合理的である．

しかし，石を持ち上げる際に，てこを利用しないで手で直接持ち上げることもできる．その場合には，てこも支点もなく腕の長さも定義できないから，式1.26で仕事の量を評価することはできない．

そこで図1.3において，力の作用点の重力の作用方向と同じ鉛直方向の移動距離をそれぞれs_1，s_2とすれば，明らかに$s_1/s_2 = l_1/l_2$の関係が成立する．そこで，式1.26の代わりに

$$f_1 s_1 = f_2 s_2 \tag{1.27}$$

を用いて，この積で仕事の量を定義すれば，てこに関する知識を使うことなく，どれだけの力を加えどれだけの距離を動かしたか，という知識だけで，仕事の量を測ることができる．このように，仕事を「力×距離」と定義するのが最も公平で合理的である．

水平でなめらかな平面に沿って物体を水平方向に移動させても，鉛直方向に作用する重力は仕事をしない．このように，力と垂直な方向の移動では力は仕事をしないから，仕事の定義に使われる「距離」の意味は，「力の作用方向と同じ方向の移動距離」と考えるのが，正当である．式1.27がこれを満足していることは，図1.3から明らかである．

一般に，力ベクトル$\boldsymbol{f}$（大きさf）が作用し距離ベクトル$\boldsymbol{r}$（大きさr）だけ移動する場合には，力がなす仕事は力ベクトルと距離ベクトルのスカラー積で定義される．移動距離ベクトルを力に平行な成分と垂直な成分に分解すれば，力に平行な成分だけが仕事をす

るから，力の作用方向と移動の方向が角 θ をなしているときには，力と同じ方向の移動距離は $r\cos\theta$ になり，仕事 W の定義式は

$$W = \boldsymbol{f} \cdot \boldsymbol{r} = fr\cos\theta \tag{1.28}$$

プランクが「2つの質点がその相互作用によって運動するとき，相互作用がなす仕事は慣性系のとりかたには依存しない．すなわち，仕事はガリレイ変換に対して不変である」[2)]と述べているように，仕事はエネルギーと同様に空間や時間や座標系のとりかたに影響されない普遍性を有する量である．

上記のように，エネルギーは仕事をする能力であるから，エネルギーの単位は仕事と同一であると決められている．しかし，エネルギーと仕事は，単位は同一であるが，互いに異なるものであることに注意を要する．エネルギーは「持っている」ものであり，質量なら速度（式 1.7），ばねなら変位（式 1.8）または弾性力（式 1.9）が決まれば，外部の状況に関係なく決まってしまう．これに対して，仕事は「する」ものであり，その物体が外部になしたり外部からなされたりする行為の量である．例えていえば，エネルギーは所有する財産の量であり，仕事は消費という行為の量である．ただし，消費すれば財産はその分だけ減少するから，エネルギーと仕事は互いに深く関係しており，両者が個別に存在することはできない．仕事は必ずエネルギーの移動を伴う．

仕事が連続的になされる場合には，単位時間にどれだけの仕事をするかを考える必要がある．単位時間あたりの仕事を仕事率または動力またはパワーという．質量が力 $\boldsymbol{f}$ を受けてなされる仕事は式 1.28 で表現されるから，微小時間に力が変わらないとすれば，仕事率 P は

$$P = \frac{dW}{dt} = \boldsymbol{f} \cdot \frac{d\boldsymbol{r}}{dt} = \boldsymbol{f} \cdot \boldsymbol{v} \tag{1.29}$$

1.6.4　運動エネルギー

ライプニッツは，ある速さで投げ上げた物体が到達しうる高さが速さの2乗に比例する，という実験事実に基づいて，運動している物体が他になす能力は Mv^2 という量で測られるべきであると主張し，この量を活力と名付けた[17]．ライプニッツのいう活力は，今日の運動エネルギーを意味し，彼は力学エネルギーの始祖と位置付けられる．

一方デカルトは，運動している物体が他に影響を与える能力は運動量で測られることを最初に提唱した（1.5.1項）．またラグランジュは著書『解析力学』に，「力は，その生成された運動ないし生成されようとする運動の量によって評価されるべきである」と記している（1.1.3項）．これは，力の効果は Mv という量（運動量）で評価されるべきである，という意味である．

こうして，運動している物体が他になす力学的能力を Mv と Mv^2 のどちらで評価すべきか，という論争が，17世紀末から実に150年間も続いたのである．これは，物体に及ぼす作用の効果を何で測るか，ということが明らかでなかったために生じた論争である．

その後，運動する物体が有する力学的能力には2通りがあり，両方とも正しいことが明らかになった．現在の言葉でいえば，それらの能力は運動量と運動エネルギーであり，デカルトの Mv は前者，ライプニッツの Mv^2 は後者（の2倍）である．運動量は運動の法則（式1.12）で表現される力の時間積分であり，力の効果（蓄積）として現れる量であるのに対して，運動エネルギー（力学エネルギー）は力と速度の積の時間積分であり，力と速度を乗じたもの

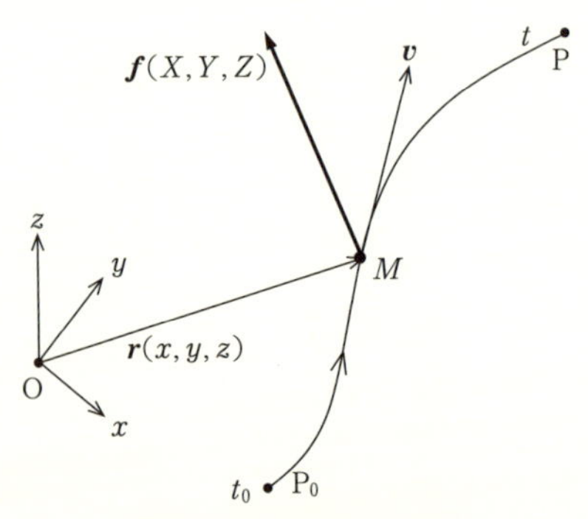

図 1.4　空間を運動する質点

(瞬時仕事）の効果（蓄積）として現れる量である．ただし相対性理論では，これら両者は 4 次元時空間におけるエネルギー・運動量テンソルとして統一され，その時間成分が運動エネルギー（式 1.7）になり，空間成分が運動量（式 1.21）になる[18]．

コリオリ（Gaspard Gustave de Coriolis，1792-1843）は 1829 年に，運動エネルギーを初めて現在の $Mv^2/2$（式 1.7）の形に表現し，それが，ライプニッツが提唱した概念である活力の 1/2 であることを確定した．以下にその内容を述べる．

図 1.4 に示すように，質量 M が外から作用力 $\boldsymbol{f}$ を受けながら，空間内を軌道 $P_0 \to P$ に沿って速度 $\boldsymbol{v}$ で運動しているとする．微小時間 dt に質量が移動する微小距離を $d\boldsymbol{r}$，作用力が質点になす仕事を dW とすれば，式 1.28 から

$$dW = \boldsymbol{f} \cdot d\boldsymbol{r} \tag{1.30}$$

原点 O から見た質量の位置を $\boldsymbol{r}$ とすれば，$d\boldsymbol{r}/dt = \boldsymbol{v}$ の関係があるから，式 1.30 を軌道上の点 P_0（時刻 t_0）から点 P（時刻 t）の経路に沿って積分して，運動の法則（式 1.12）を用いれば

$$W=\int_{\mathrm{P}_0}^{\mathrm{P}}dW=\int_{\mathrm{P}_0}^{P}\boldsymbol{f}\cdot d\boldsymbol{r}=\int_{t_0}^{t}M\frac{d\boldsymbol{v}}{dt}\cdot\frac{d\boldsymbol{r}}{dt}dt=\int_{t_0}^{t}M\frac{d\boldsymbol{v}}{dt}\cdot\boldsymbol{v}\,dt \tag{1.31}$$

式 1.31 に

$$\frac{dv^2}{dt}=\frac{d(\boldsymbol{v}\cdot\boldsymbol{v})}{dt}=2\frac{d\boldsymbol{v}}{dt}\cdot\boldsymbol{v} \tag{1.32}$$

の関係を適用すれば

$$W=\int_{t_0}^{t}\frac{d}{dt}\left(\frac{1}{2}Mv^2\right)dt=\left[\frac{1}{2}Mv^2\right]_{t_0}^{t}=T-T_0 \tag{1.33}$$

式 1.33 は次のように解釈される．質量 M は，外から仕事 W をされると，自身が持つ $T=Mv^2/2$ という量（式 1.7）を，なされた仕事の分だけ増加させる．つまり，質量に外から仕事がなされると，質量は T という物理量の増大をもってこれに応える，ということである．あるいは逆に，質量は自身が持つ T という量を T_0 に減少させることによって，それと同じ量だけ外に仕事をする，と見ることもできる．このように，質量が外に仕事をする能力は，T という量によって評価されなければならない．

式 1.31 のように質量は，外からの作用を必ず力の形で受けて仕事をされ，受けた力を自身の速度に変え，なされた仕事を速度の 2 乗で評価される T という量に変えて，それを能力として持つ．質量が持つこの能力は，動くという運動（速度 v）の形で現れるから，これを**運動エネルギー**と呼ぶ．質量は能力を速度の形で持つから，その能力を使って外に仕事をする際には，自身が持つ速度を出して必ず速度の形で仕事をする．こうして質量は，作用を力で受けて速度で出すのである（1.3.5 項 3）と 4)）．**質量が外からなされたり外になしたりする仕事の量は，運動エネルギーの変化に等しい．**

1.6.5　位置エネルギー

図 1.4 に示す空間に，位置 $\boldsymbol{r} = x\boldsymbol{i} + y\boldsymbol{j} + z\boldsymbol{k}$（$\boldsymbol{i}$，$\boldsymbol{j}$，$\boldsymbol{k}$ はそれぞれ x 軸，y 軸，z 軸方向の単位ベクトル）の 1 価関数（1 点の位置について 1 つの値が一義的に対応する関数）$U(x, y, z)$ が存在し，その位置に置かれた質量に作用する力 $\boldsymbol{f} = X\boldsymbol{i} + Y\boldsymbol{j} + Z\boldsymbol{k}$ の x 軸，y 軸，z 軸方向成分が，関数 U の位置による偏微分の負値

$$X = -\frac{\partial U}{\partial x},\ Y = -\frac{\partial U}{\partial y},\ Z = -\frac{\partial U}{\partial z} \tag{1.34}$$

で与えられるとする．ここで，式 1.34 の負号は，関数 U が減少する方向に力が作用することを意味する．関数 U の全微分は

$$dU = \frac{\partial U}{\partial x}dx + \frac{\partial U}{\partial y}dy + \frac{\partial U}{\partial z}dz = -(X\,dx + Y\,dy + Z\,dz) \tag{1.35}$$

座標軸方向の単位ベクトル同士の内積は $\boldsymbol{i}\cdot\boldsymbol{i} = \boldsymbol{j}\cdot\boldsymbol{j} = \boldsymbol{k}\cdot\boldsymbol{k} = 1$，$\boldsymbol{i}\cdot\boldsymbol{j} = \boldsymbol{j}\cdot\boldsymbol{k} = \boldsymbol{k}\cdot\boldsymbol{i} = 0$ であるから，空間座標軸方向の成分が式 1.34 で与えられる力が質量に作用し，それに従って質量が点 $\mathrm{P_0}$ から P に移動する間に，力が質量になす仕事は，式 1.30 より

$$\begin{aligned} W &= \int_{\mathrm{P_0}}^{\mathrm{P}} \boldsymbol{f}\cdot d\boldsymbol{r} = \int_{\mathrm{P_0}}^{\mathrm{P}} (X\boldsymbol{i} + Y\boldsymbol{j} + Z\boldsymbol{k})\cdot(dx\boldsymbol{i} + dy\boldsymbol{j} + dz\boldsymbol{k}) \\ &= \int_{\mathrm{P_0}}^{\mathrm{P}} (X\,dx + Y\,dy + Z\,dz) = -\int_{\mathrm{P_0}}^{\mathrm{P}} dU = U(\mathrm{P_0}) - U(\mathrm{P}) \\ &= U_0 - U \end{aligned} \tag{1.36}$$

このように，式 1.34 で規定される力がなす仕事の量は，始めの位置 $\mathrm{P_0}$ と終わりの位置 P だけで決まり，質量 M が通過する途中の経路が異なっても変わらない．また，経路が閉じている場合には，その閉経路に沿って 1 周し元の位置（$\mathrm{P} = \mathrm{P_0}$）に戻っても，力は仕事をしない．

関数Uは，位置を与えれば一義的に決まる仕事の量であるから，これを**位置エネルギー**という．また，仕事をしてエネルギーが顕在化すれば関数Uが減少するから，Uは仕事をする可能性を有する潜在的な（potential）能力（＝エネルギー：1.6.1節）と考えられ，これを**ポテンシャルエネルギー**ともいう．

位置エネルギーには様々な種類が存在する．例えば，万有引力場の位置エネルギー，弾性エネルギー，電磁エネルギー，原子核エネルギー，光エネルギーなどである．圧縮された液体や気体が有するエネルギーも，位置エネルギーの一種である．

力学を端的にいうと，作用力を受けて運動を生じる物体（質量）の学問である．一方，位置エネルギーは，物体自身ではなくその物体が置かれた位置と同一の空間に存在する「**場**」という実体の物理量が保有するエネルギーである．したがって，位置エネルギーの正体については力学（古典力学）の範囲外であり，位置エネルギーが生じる力の正体については，力学は関知しない（1.1.3項）．

私たちに最も身近な位置エネルギー（ポテンシャルエネルギー）の場は，地球上に存在する重力の場である．鉛直上向きにz軸をとれば，質量Mに作用する重力は$X = 0$，$Y = 0$，$Z = -Mg$であるから，$z = 0$で$U = 0$とすれば，重力の位置エネルギーは式1.34から

$$U = Mgz \tag{1.37}$$

重力は地球が生む万有引力である．一般に，万有引力定数をGとすれば，互いに距離rだけ離れた質量Mとmの間に作用する万有引力はGmM/r^2で与えられるから，$r \to \infty$で$U = 0$とすれば，万有引力の場が有する位置エネルギーは

$$U = -\int_r^\infty \frac{GmM}{r^2} dr = \left[\frac{GmM}{r} \right]_r^\infty = -\frac{GmM}{r} \tag{1.38}$$

1.6.6　力学エネルギー保存の法則

場から与えられる力（式 1.34）が質量に作用し仕事をする場合には，その仕事による場の位置エネルギーの減少量を表す式 1.36 と，仕事をされることにより質量に生じる運動エネルギーの増加量を表す式 1.33 が等しくなることから，$T + U = T_0 + U_0$．これが運動中の任意点 P（図 1.4）で成立するから

$$T + U = E = 一定 \tag{1.39}$$

式 1.39 の一定量 E を**力学エネルギー**という．式 1.39 は，質量が場から式 1.34 の力を受けながら運動するときに，運動エネルギーと位置エネルギーの和である力学エネルギーが一定の量に保存されることを意味している．これを**力学エネルギー保存の法則**という．

外力が質量に作用してなす仕事を表現する式 1.33 を導く際に運動の法則（式 1.12）を用いたことからわかるように，在来力学では力学エネルギー保存の法則は運動の法則から導かれる，と教えられている．しかし本来，力学エネルギー保存の法則は，運動の法則からの帰結ではなく，それより根本的な法則である．

式 1.34 で与えられる力が作用するときには力学エネルギー保存の法則が成立するから，この力を**保存力**と呼び，保存力が作用する場を**保存力の場**という．**図 1.5** に示す保存力の場において，位置エネルギーが同じ値をとる $U = 一定$ の面（実線）を，等ポテンシャル面という．等ポテンシャル面に垂直で位置エネルギーが減少する方向に向いた方向付曲線群（1 点鎖線）は，場からそこに置かれた質量に作用する力の方向を与える．これを**力線**という．

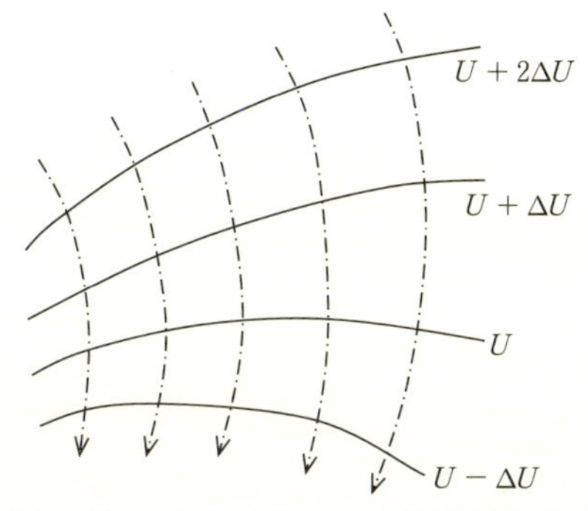

図 1.5　保存力の場における等ポテンシャル面（実線）と力線（鎖線）

図 1.5 において，隣接する 2 つの等ポテンシャル面間の位置エネルギーの変化量は一定値 ΔU であるから，等ポテンシャル面間の間隔が狭い場所ほど，位置エネルギーが変化する割合（変化率）は大きくなる．保存力（式 1.34）は，位置エネルギーの変化率の負値に等しいから，等ポテンシャル面間の距離が狭いほど大きく，広いほど小さくなる．

熱エネルギーは，大部分が原子・分子の微視的不規則振動の運動エネルギー，残りが原子・分子間の距離の増加に起因する熱体積膨張の位置エネルギーであり，両者は共に力学エネルギーである．巨視的視点からしか現象を判断できない私たちは，微視的観点から見たこの力学エネルギー全体を，熱エネルギーと呼んでいる．原子・分子が不規則振動すると，隣接する原子・分子に衝突してそれを励起・加振する．その結果，元の原子・分子の力学エネルギーの一部が隣接する原子・分子に移動し，隣接する原子・分子も不規則振動を始める．不規則振動は周辺の原子・分子に広がっていくが，全体としての微視的力学エネルギーの量は変化しないから，個々の原子・分子が有する力学エネルギーは減少し，不規則振動は弱まっていく．こうして，熱は周囲に伝導・伝達され，それと共に熱エネルギーは消散していく．熱エネルギーの消散は，全体として微視的力学エネルギー保存の法則が成立しながらエネルギーが拡散され限りなく薄められることであり，消滅することではない．

1.6.7　対称性の導入

前述のように，力学エネルギーは運動エネルギーと位置エネルギーからなり，両エネルギー形態間の相互変換が力学現象の変遷を演じるから，これら両者は不可分の関係（対称性と因果律）を有するはずである．しかし，古典力学は物体の力学であり，場が保有する位置エネルギーの発生原因や存在理由には関知しないから，本来，古典力学の枠内ではこの関係について議論できない．しかし幸いなことに，ただ1つの例外がある．それが，位置エネルギーを保有する場（弾性 $H = 1/K$ は弾性体という場の力学特性）と運動エネルギーを保有する物体（質量 M は弾性体という物体の力学特性）が同一である弾性体である．そこで長松昭男は，在来力学では不明とされていた，弾性体の力学におけるこれら両エネルギー間の関係を，以下に明らかにする．

弾性体（場）が力 f の形で保有する位置エネルギーである**弾性エネルギー**は式1.9で表現され（1.3.3項），フックの法則（式1.6）を用いれば

$$U = \frac{1}{2}Hf^2 = \frac{1}{2}\left(\frac{1}{H}\right)(Hf)^2 = \frac{1}{2H}x^2\left(= \frac{1}{2}Kx^2\right) \qquad (1.40)$$

一方，物体が速度の形で保有する運動エネルギーは式1.7で表現され，運動量の定義（式1.17）を用いれば

$$T = \frac{1}{2}Mv^2 = \frac{1}{2}\left(\frac{1}{M}\right)(Mv)^2 = \frac{1}{2M}p^2 \qquad (1.41)$$

力 f と速度 v，それらを時間で積分した運動量 p と位置 x が，それぞれ互いに対称・双対であり（1.2 節），また弾性体では弾性 H と質量 M が互いに対称・双対である（1.3 節）から，弾性エネルギー（式 1.40）と運動エネルギー（式 1.41）は互いに対称・双対な関係にある．こうして，**弾性体の力学エネルギーに対称性を導入できた．**

フックの法則（式 1.5）から $df/dx = K = 1/H$ であるから，式 1.40 の位置（x）微分の負値は

$$-\frac{dU}{dx} = -\frac{dU}{df}\frac{df}{dx} = -Hf\frac{1}{H} = -f \tag{1.42}$$

式 1.42 は，外部から拘束力 f を受けて拘束されている弾性（場）が，内部に生じている弾性力 f の反作用力である復元力 $-f$ を外部に作用させることを意味する．式 1.42 は式 1.34 に等しく，弾性体が復元力という保存力を出して外部に作用させる保存力の場（位置エネルギーの場 = ポテンシャルエネルギー（= 弾性エネルギー：式 1.9）の場）であることを示している．弾性（ばね）の変形 x は，弾性体という物体の変形であると同時に，弾性体という場（空間のゆがみ）の強さを表している．

フックの法則（式 1.5）を用いて式 1.42 を別記すれば

$$\begin{aligned} U &= -\int_0^x -f\,dx = -\int_0^x -Kx\,dx = \left[\frac{1}{2}Kx^2\right]_0^x \\ &= \frac{1}{2}Kx^2\left(= \frac{1}{2}Hf^2\right) \end{aligned} \tag{1.43}$$

弾性体（ばね）という場は，式 1.43 の弾性エネルギーを蓄えて保存している．

1.6.8 仕事と力学エネルギー

在来力学では物体を質量と見なしている．質量は力しか受けられない（1.3.5 項 3)）から，質量に対する作用は専ら力でなされる．質量は受けた作用力を速度変動（加速度）に変え，運動の法則（$f = M\dot{v}$：式 1.12）が成立するから，作用力が質量になす仕事は

$$W\left(= \int_0^t f\,dx\right) = \int_0^t fv\,dt = \int_0^t M\frac{dv}{dt}v\,dt = \int_0^t \frac{d}{dt}\left(M\frac{v^2}{2}\right)dt$$
$$= \frac{1}{2}Mv^2 - \frac{1}{2}M{v_0}^2 \tag{1.44}$$

式 1.44 は，力が質量に作用してなす仕事量は運動エネルギーの変化量に等しいことを意味する．

一方，弾性は速度しか受けられない（1.3.5 項 3)）から，弾性に対する作用は専ら速度でなされる．弾性は，受けた作用速度を力変動に変え，力の法則（$v = H\dot{f}$：式 1.13）が成立するから，作用速度が弾性になす仕事は

$$W\left(= \int_0^t v\,dp\right) = \int_0^t vf\,dt = \int_0^t H\frac{df}{dt}f\,dt = \int_0^t \frac{d}{dt}\left(H\frac{f^2}{2}\right)dt$$
$$= \frac{1}{2}Hf^2 - \frac{1}{2}H{f_0}^2 \tag{1.45}$$

式 1.45 は，速度が弾性に作用してなす仕事量は弾性エネルギーの変化量に等しいことを意味する．

式 1.44 と 1.45 が互いに対称・双対の関係にあることは明白である．こうして，**弾性体になされる仕事とそれによる力学エネルギーの変化の関係に対して対称性を導入できた．**

図 1.6 は以上のことをまとめた図である．

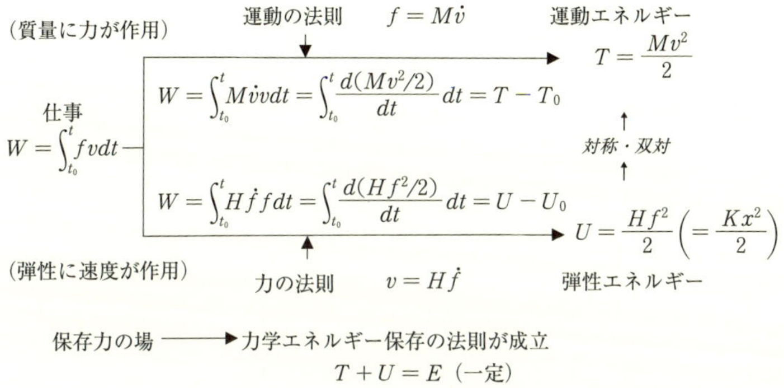

（質量に力が作用）　運動の法則　$f = M\dot{v}$　運動エネルギー $T = \dfrac{Mv^2}{2}$

仕事 $W = \int_{t_0}^{t} fv dt$

$$W = \int_{t_0}^{t} M\dot{v}v dt = \int_{t_0}^{t} \frac{d(Mv^2/2)}{dt} dt = T - T_0$$

対称・双対

$$W = \int_{t_0}^{t} H\dot{f}f dt = \int_{t_0}^{t} \frac{d(Hf^2/2)}{dt} dt = U - U_0$$

$U = \dfrac{Hf^2}{2}\left(= \dfrac{Kx^2}{2}\right)$

（弾性に速度が作用）　力の法則　$v = H\dot{f}$　弾性エネルギー

保存力の場 ──→ 力学エネルギー保存の法則が成立

$T + U = E$（一定）

図 1.6　仕事と力学エネルギー

1.6.9　不確定性原理とエネルギー

ミクロの世界を支配する量子論によれば，運動している物体の位置 x と運動量 p は同時には確定できない．すなわち，位置を確定しようとすれば運動量が不確定になる（逆もある）[12]．このことを式で表現すれば

$$\Delta p \, \Delta x \geqq \frac{h}{4\pi} \tag{1.23}$$

このように，互いに対称・双対の関係にある 2 量を同時に確定できないことを**ハイゼンベルグ**（Werner Karl Heisenberg, 1901–1976）の不確定性原理といい[12]，不確定の程度はプランク定数 h（式 1.22）に関連する．

式 1.23 に運動量の定義 $\Delta p = M \Delta v$（式 1.17）とフックの法則 $\Delta x = H \Delta f$（式 1.6）を代入すれば

$$\Delta f \, \Delta v \geqq \frac{h}{4\pi MH} \tag{1.46}$$

式 1.46 は力を確定しようとすれば速度が不確定になること（逆もある）を意味する．

$d(v^2)/dt = 2v(dv/dt)$ であるから，式 1.23 に $\Delta p = M\,\Delta v$ と位置の定義 $\Delta x = v\,\Delta t$（式 1.25）を代入して，運動エネルギーの定義式 1.7 を用いれば

$$M\,\Delta v\,v\,\Delta t = \Delta\left(\frac{1}{2}Mv^2\right)\Delta t = \Delta T\,\Delta t \geqq \frac{h}{4\pi} \tag{1.47}$$

$d(f^2)/dt = 2f(df/dt)$ であるから，式 1.23 に $\Delta x = H\,\Delta f$ と運動量の法則 $\Delta p = f\,\Delta t$（式 1.24）を代入して，弾性エネルギーの定義式 1.9 を用いれば

$$H\,\Delta f\,f\,\Delta t = \Delta\left(\frac{1}{2}Hf^2\right)\Delta t = \Delta U\,\Delta t \geqq \frac{h}{4\pi} \tag{1.48}$$

式 1.47 と 1.48 はエネルギーを確定しようとすれば時間が不確定になること（逆もある）を意味する．このことは物理学における既知事実である [12), 21)]．

式 1.23 から運動量 p と位置（空間）x が，式 1.46 から力 f と速度 v，および質量 M と弾性 H が，それぞれ対称・双対の関係にあることがわかる（1.2 節と 1.3 節）．また，式 1.47 と 1.48 から，力学エネルギー（T は運動エネルギー，U は弾性エネルギー）と時間 t が互いに対称・双対の関係にあることがわかる．

エネルギーの保存はいつ実験しても結果は同じであるという自然界の性質と，運動量の保存はどこで実験をしても結果は同じであるという自然界の性質と，角運動量の保存はどちらに向いて実験をしても結果は同じであるという自然界の性質と，それぞれ深く結びついている [21)]．物理学におけるこれらの既知事実は，自然界の対称性 [13), 14)] の例であり，運動量・角運動量と空間（位置・方向）が，またエネルギーと時間が，それぞれ互いに対称・双対の関係にあることと，深く結びついている．

相対性理論では，空間（3 次元）と時間（1 次元）からなる 4 次

元時空間を座標系として採用している[18]．そして，ローレンツ変換を運動量にあてはめると，3つの空間成分として古典力学における運動量（式1.21）が，第4の時間成分として力学エネルギーが出てくる[18]．また，ブラックホールの近傍のように大きい重力（万有引力）が作用する場では運動量（力積）が増大するために空間が収縮され，光速に近い大きい速度を有する場ではエネルギーが増大するために時間の進みが遅くなる[18), 21]．これらは相対性理論における既知事実である．

真空の場に空間と時間が存在していることと重力波・光・電波（電界・磁界の間の運動量とエネルギーの循環）のような波動が存在し伝搬すること，時間が連続していることとエネルギー保存の法則を破れないこと，空間が連続していることと運動量保存の法則を破れないこと，時間と空間が連成していることとエネルギーと運動量が連成していることは関係がある．

1.7 本章のまとめ

1章では，①力学理論の基本概念を力と運動から力学エネルギーに移す，②力学を構成する物理量と法則に対称性を導入する，③弾性体の力学に閉じた因果関係を導入する，の3点に関して，古典力学の再構成を行った．その結果，多くの新しい知見が得られ，力学の整然とした全体像を明らかにすることができた．

図1.7に力学を構成する物理量の対称・双対性を示す．まず状態量に関しては，力と速度が互いに対称・双対であり，またそれらを時間積分した運動量と位置が互いに対称・双対である．このことは力学全体について成立する．次に力学特性に関しては，質量と弾性が互いに対称・双対であり，また力学エネルギーに関しては，運動エネルギーと弾性エネルギーが互いに対称・双対である．このこと

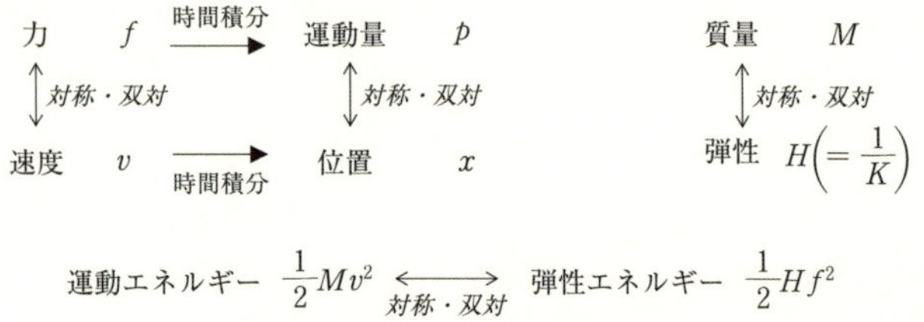

力 f —時間積分→ 運動量 p

↕ 対称・双対　　↕ 対称・双対

速度 v —時間積分→ 位置 x

質量 M

↕ 対称・双対

弾性 $H\left(=\dfrac{1}{K}\right)$

運動エネルギー $\dfrac{1}{2}Mv^2$ ←対称・双対→ 弾性エネルギー $\dfrac{1}{2}Hf^2$

図 1.7　力学における物理量の対称性

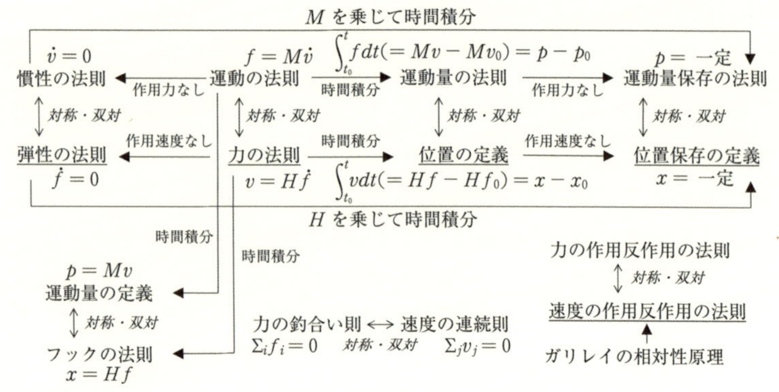

図 1.8　力学法則の対称性（下線付きは長松昭男が提唱，名称は仮名）

は，物体が質量と弾性という 2 つの力学特性を有する弾性体を対象とする弾性体の力学についてのみ成立する．弾性体における力学エネルギーの対称性は，弾性エネルギーを式 1.8 ではなく式 1.9 のように表現することによって，初めて明らかになった．

図 1.8 に，力学を構成する法則間の相互関係を，対称・双対性に注目してまとめる．図中，下線を付したものは長松昭男が新しく提唱する法則であり，その他は在来力学を構成する法則である．従来から常識とされていた自明の事実はここでは定義と呼んでいるが，これらは法則に準じたものとして扱う．

慣性の法則と弾性の法則，運動の法則と力の法則，運動量の法則と位置の定義，運動量保存の法則と位置保存の定義，運動量の定義とフックの法則，力の釣合い則と速度の連続則，力の作用反作用の法則と速度の作用反作用の法則は，それぞれ互いに対称・双対の関係にある．速度の作用反作用の法則はガリレイの相対性原理に由来する法則である．

慣性の法則は力が作用しないときの質量の静的機能，弾性の法則は速度が作用しないときの弾性の静的機能，運動の法則は力が作用するときの質量の動的機能，力の法則は速度が作用するときの弾性の動的機能を規定する．運動量に関しては，作用力が存在しない場合には運動量保存の法則，存在する場合には運動の法則が成立する．位置に関しては，作用速度が存在しない場合には位置保存の定義，存在する場合には位置の定義が成立する．

弾性の法則，力の法則およびフックの法則は弾性体の力学のみを支配する法則であり，その他すべては力学全体を支配する法則である．

図 1.8 では，運動量の法則と位置の定義はそれぞれ運動の法則と力の法則の時間積分の結果として得られ，同様に運動量保存の法則と位置保存の定義は，それぞれ慣性の法則と弾性の法則の時間積分の結果として得られると示されている．しかし，これはあくまでニュートンの法則を根幹とする古典力学の流儀に従った説明であり，実際には，運動量の法則・運動量保存の法則・位置の定義・位置保存の定義は，運動の法則・力の法則・慣性の法則・弾性の法則よりも基本的な法則である．

フックの法則は，力の法則において弾性が一定不変であるという仮定の下に力の法則を時間積分して得られる法則である．したがって，フックの法則は線形弾性体にしか適用できないのに対して，力の法則は線形・非線形を問わずすべての弾性体に適用できる．

図 1.8 に示すように，在来力学に現存する法則群に長松昭男が提唱する新しい法則群（図中下線付き）を加えることにより，力学を構成し支配するすべての法則群が相互に関係し合って，整然と統一された対称・双対の力学法則の世界を形成し，すっきりと美しく整った自然界の片鱗を，力学の中に表現できることが，読者の方々に理解していただけると思う．

以上，長松昭男によって初めて，力学の根幹を力と運動からエネルギーに移し，また力学全体に自然界の対称性が具現され，合わせて物理事象の閉じた因果関係が弾性体の力学に導入された．これにより，私たちがものづくりに用いている古典力学を本来あるべき姿に再構成し筋を通すことができた．

2

電磁気学への入口

2.1 電気

2.1.1 電荷

琥珀（こはく）をこすると羽毛や塵（ちり）を引きつけることは，古代ギリシャ時代から知られていた．地球が大きい磁石であることを発見した**ギルバート**（William Gilbert，1544-1603）は，摩擦によってこのような現象が起きやすい物質を総称してエレクトロン（electron：ギリシャ語で琥珀）と名づけた．これが電気（electricity）の語源である．このような現象は日常よく経験する．例えば，乾燥した日に毛糸のセーターを脱ぐと頭髪が逆立つ．このとき，琥珀やセーターは目に見えない何かを帯びたと考えられる．この「何か」を，**電気**または**電気量**または**電荷**と呼び，電荷を帯びることを**帯電する**といい，帯電した物質を帯電体という．

物理学辞典[23]によると，「**電荷とは，あらゆる電気現象と磁気現**

象の根源と考えられる実体である」と定義されている．これは，すべての電気・磁気現象は電荷が実体として存在することによって起こることを意味する．私たちのまわりにある電灯・テレビ・パソコン・スマートホンなどが動作する理由を究明していくと，最後には電荷に行き着つき，それ以上は究明できないのである．

電荷には正（+）と負（−）の 2 種類があり，同種類の電荷間には斥力（反発力），異種類間には引力が作用する．また，これら 2 種類の電荷を等量足し合わせると，電気的性質が失われる．これは，互いに逆の働きをする両者の効果が相殺され電気的に中性になるのであって，実体が直接消し合って共にこの世から消えてしまうのでは決してない．

この世に実在するすべての物質は電荷を有する．外部に対して何ら電気的性質を及ぼさない物質は，電荷を有していないのではなく，正と負の両種類の電荷を等量ずつ有しているのである．摩擦などの外作用を加えると，これら両種類の電荷が分離される．これが**分極**という現象である．

物質に存在する電荷（電気量）の総量に関しては，「**外部との間に電気量の出入りがない系では，電気量は保存される**」（**電気量保存の法則**あるいは**電荷保存の法則**）という法則が成り立っている．「電気量の出入りがない」とは「電流の流入出がない」ことを意味し，「保存される」とは「代数和が一定に保たれる」ことを意味する．代数和とは大きさ（絶対値）と正負の両者を考慮した和である．電気量保存の法則は，現在知られているあらゆる素粒子の反応過程で厳密に成立することが確認されている．電磁気学における電気量保存の法則は，力学における運動量保存の法則（1.5 節）に対応する．

クーロン（Charles Augustin de Coulomb，1736–1806）は，1785

年に実験によって次のことを発見した．「**2個の電荷間に作用する力は，両者を結ぶ直線上に働き，その大きさはそれぞれの電荷の量に比例し，またそれらの間の距離の2乗に反比例する**」．これを**クーロンの法則**といい，この力を電気力または**クーロン力**と呼ぶ．ニュートンによる万有引力発見の120年後のこの発見により，電磁気学は初めて数学で記述する学問の仲間入りをした．

真空中に距離 r だけ離れて置かれた2個の電荷 Q と q の間に作用するクーロン力の大きさは，クーロンの法則により

$$f = \frac{1}{4\pi\varepsilon_0}\frac{Qq}{r^2} \tag{2.1}$$

ここで，$\varepsilon_0 = 8.854 \times 10^{-12}\ \mathrm{A^2 \cdot s^2/(N \cdot m^2)}$ は真空の**誘電率**である．ただし，力 f は $Qq > 0$ なら斥力，$Qq < 0$ なら引力になる．ちなみに，電気量（電荷）を示す記号 Q と q は quantity（量）の頭文字に由来する．

電荷の単位について述べる．物理学では，電荷は電磁気現象の根源であり，電荷が移動することによって電流が生じる，と考える．しかし国際単位系では，電流を基本単位量とし電荷を補助量と見なす．そして，1 A の電流が 1 s だけ流れることによって蓄積される電荷の量を単位量1クーロン（C）＝1 A・s とする．国際単位系における基本単位は，距離：メートル（m），質量：キログラム（kg），時間：秒（s），電流：アンペア（A）の4つである．

2.1.2 電界

時間と空間しかない真空の中を電波が伝わるという電磁気現象は，時空間そのものが物理的性質を有する物理量であり，そのゆがみが真空中を波動として伝搬することを，私たちに教えている．真空中でも電子レンジで食物を熱し料理できるのは，時空間のゆがみ

が，単なる事象ではなくエネルギーと運動量を保有し運び伝える物理実体であることを示している．この実体こそ「**電界**」と「**磁界**」である．

電界を「帯電体を置くと電気力が働く場所」と考えるべきではない．電界は場所そのものではない．場所や位置は電界の有無にかかわらず必ず存在し，電界はそこに実体として存在する時空間のゆがみという，場所や位置とは別のれっきとした実在の物理量である．物理学では，この時空間のゆがみを「**場**」と呼び，「電界」「磁界」ではなく「**電場**」「**磁場**」という．場は，時空間内に分布する何物かであるだけではなく，時間と空間から独立した物理系として，それ自体がエネルギーと運動量を持っている実体なのである．

電磁気学の主役は電荷や電流などではなく，人間が直接には感知できない幻のような電界と磁界である．**電磁気学は場の学問であり，この点において物体の学問である古典力学とは根本的に異なる．**

電気力は**近接作用**の力である（1.1.1 項）．すなわち電気力は，電荷同士が直接作用させ合う力ではなく，電荷がその周辺空間に場を作り，その中にたまたま置かれた別の電荷にその場から作用する力である．これによれば式 2.1 の力 f は，電荷 Q が作る場の中で電荷 Q から距離 r の位置に置かれた別の電荷 q がその場から受ける力であり，逆に電荷 q が作る場の中で電荷 q から距離 r の位置に置かれた電荷 Q がその場から受ける力であると考えてもよい．前者と考え，電界と力を大きさと方向を有するベクトルで表示し，$\varepsilon_0 \to \varepsilon$ と記せば，式 2.1 は

$$\boldsymbol{E} = \frac{Q}{4\pi\varepsilon}\frac{1}{r^2}\frac{\boldsymbol{r}}{r} \tag{2.2}$$

$$\boldsymbol{f} = q\boldsymbol{E} \tag{2.3}$$

のように，2個の式に分解できる．式 2.2 は電荷 Q がその周辺に作る電界 $\boldsymbol{E}$ を表す．ここで，$\boldsymbol{r}/r$ は位置 $\boldsymbol{r}$ 方向の単位ベクトル（大きさが1のベクトル）である．また ε は両電荷間の媒体の誘電率であり，真空では $\varepsilon = \varepsilon_0$，誘電体では $\varepsilon > \varepsilon_0$ となる．電界 $\boldsymbol{E}$ は大きさ $E = Q/(4\pi\varepsilon r^2)$ と方向を有するベクトル量であり，その方向は電界の発生源である電荷 Q からの位置ベクトル $\boldsymbol{r}$ と同一になる．式 2.3 はその位置に置かれた電荷 q が場から受ける力であり，その方向は電界 $\boldsymbol{E}$ の方向に一致する．

空間に分布する電界の様子を視覚で直感的に理解するために，**電気力線**というものを空間に描く．電気力線は，地図に描いた経緯線のように空間に描いた仮想の線であり，実在の線ではない．電気力線は，電界内で正の電荷が電界から受ける力と同一の向きに少しずつ移動するときに，空間内に描かれる軌跡であり，**図 2.1** のように，その接線方向が電界ベクトルの方向と一致する．このように電気力線の接線方向は空間内の1点では1つの方向（電界の方向）に決まっているから，1点で同時に2つ以上の方向をとることすなわち電気力線が交差・分岐・合体することはない．電気力線は，正の電荷からわき出して負の電荷に吸い込まれるか，または終点か始点のどちらかが無限遠まで伸びている．何もない場所で電界が不連続に消えることはないから，電気力線が途中で途切れることはない．また1本の電気力線が閉曲線を作るようなことはない．電気力線は，それが貫通する空間断面の面積密度が電界の強さに比例するように描かれ，空間のある点で電界の強さが E [N/C] のとき，$1\,\mathrm{m}^2$ あたり E 本の面積密度で電気力線を描く．

式 2.2 のように，媒体中の電界は媒体 ε に依存して変わる．これ

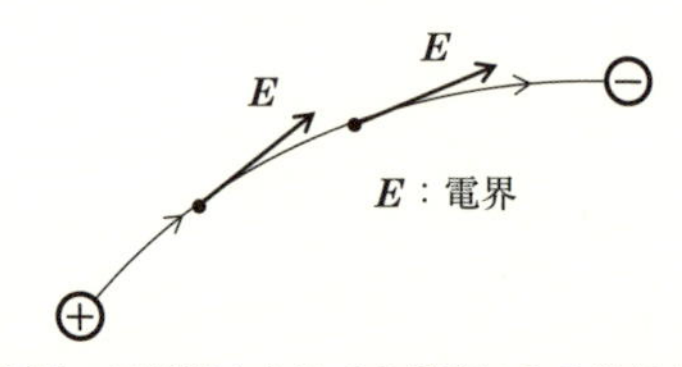

図 2.1　正電荷から出て負電荷に入る電気力線

に対し，媒体の有無や性質に無関係に 1 C の電荷から 1 本の線が出ると決めたものを**電束**という．電束 $\boldsymbol{D}$ は次式によって定義される．

$$\boldsymbol{D} = \varepsilon \boldsymbol{E} = \frac{Q}{4\pi}\frac{1}{r^2}\frac{\boldsymbol{r}}{r} = \varepsilon_0 \boldsymbol{E} + \boldsymbol{P} \tag{2.4}$$

ここで，$\boldsymbol{P}$ は分極ベクトル [2)] である．

電界に関しては，次のことが成立する．「**任意の閉曲面を通過する電界のその曲面に垂直な成分の全表面積にわたる総和（総面積分値）は，その閉曲面内部に存在する電荷（複数の場合には代数和）を誘電率で割ったものに等しい**」．これを**電界に関するガウスの法則**（Carl Friedrich Gauss，1777-1855）という．ガウスの法則は，電界を規定する電磁気学の基本法則の 1 つである．電界を水に例えれば，ガウスの法則は，「閉曲面から流れ出す水の全流量は，閉曲面内部でわき出す水の全流量に等しい」のように記述できる．

2.1.3　電圧

図 2.2 に示すように，電荷 $+q$ [C] が，一様な電界 E [N/C] 中で，この電界から式 2.3 の力 f を受けながら，電界の向きすなわち電気力線の向きに沿って点 A から点 B まで距離 d だけ移動すると，電界は

$$W = fd = qEd \tag{2.5}$$

の仕事を電荷になす．この状況は，物体が地球から重力を受けなが

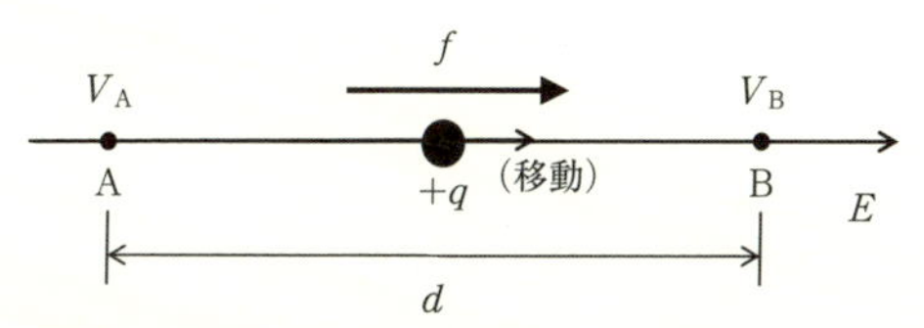

図 2.2　一様な電界中を電気力線の向きに沿って移動する電荷 $+q(V_A > V_B)$

ら重力の向きである鉛直下方向に移動する場合と似ている．重力が物体になす仕事の量だけ重力の**力学ポテンシャル**（potential＝仕事をする可能性）が減少する（1.6.5 項）のと同様に，電界が電荷になす仕事の量は**電気ポテンシャル**の減少に等しくなる．そこで，点 A では点 B より式 2.5 で表現される W だけ電気ポテンシャルが高いと考える．電荷が点 A から点 B まで移動することにより，電気ポテンシャルは減少し，その分だけ電荷は電界から仕事をされる．

力学ポテンシャルが物体の質量に比例するように，電気ポテンシャル（単位：ジュール（J））は電荷の大きさ q に比例することを，式 2.5 は示している．単位量の電荷 +1C あたりの電気ポテンシャルを**電位**または**静電位**または**静電ポテンシャル** V と呼び，その単位としてボルト（V）を用いる．すなわち，$V = W/q$（単位 V = J/C）．この式と式 2.5 から

$$V = Ed \quad \text{あるいは} \quad E = \frac{V}{d} \tag{2.6}$$

図 2.2 のように，電気ポテンシャルである電位は，2 点間の差として決まる相対的な量であり，**電位差**または**電圧**とも呼ぶ．図 2.2 において，ある基準点に対する点 A と点 B の電位をそれぞれ V_A と V_B とすれば，これら 2 点間の電圧は

$$V_{AB} = V_A - V_B \tag{2.7}$$

電位の値を確定するためには，電位 0 の基準点を決めておく必要が

ある．電位の基準点の場所を変えると，電位は変わるが 2 点間の電圧は変わらない．

2.1.4　ポテンシャル場と作用

前項で，電荷 Q が周囲空間に式 2.2 の電界 $\boldsymbol{E}(\boldsymbol{r})$ を作り，電界 Q から距離 $\boldsymbol{r}$ 離れた位置に置かれた別の電荷 q に対して，その電界が式 2.3 のクーロン力 $\boldsymbol{f}$ を作用させると述べた．

「作用力を受けることは反作用力を与えることである」という力の作用反作用の法則によれば，電荷が電界から力を受けることは，電荷が電界に力を与えることになる．しかし，電荷が電界という時空間のゆがみ（場）に力を与えるということは，どうにも理解しがたいことである．電荷同士が直接力を作用させ合っているという遠隔作用の立場に立てば，力の作用反作用の法則の成立は明白かつ単純明解である．しかし電磁気学では，この遠隔作用の概念自体が否定されているから，始末が悪い．

2.1.1 項で，琥珀をこすると塵を引き付けることを述べた．これは，帯電した琥珀表面の電荷から塵に何らかの作用がなされたことを意味する．その際私たちが目にするのは，止まっていた塵が加速度を与えられ動き出したという現実だけであり，塵に加わったとされる力を実験的に確認したのでも，人の五感で直接感知したのでもない．したがって，場という時空間のゆがみから塵に力が加わったか否かについては，推察の域を出ないといえる．

このように，私たちが直接目にする現実は，電荷を外から拘束を加えない自由状態で電界の中に放置すると，その電荷は動き出すことである．このことから，電荷が電界という場から何らかの作用を受けていることは確かである．しかし，「作用は力によってなされる」という遠隔作用に基づく古典力学の考え方をそのまま近接作用に転用し，電界が電荷に力を加える，あるいはその反作用として電荷が電界に力を加える，という概念を素直に理解することは難しい．

自然は単純なはずである．場の作用をもっと素直に受け入れることができる解釈はないだろうか．これに関する長松昭男の考え方を以下に記す．

1.4 節で述べたように，作用は力か速度のどちらかによってなされる．そこで「動き出す」という上記の現実をそのまま受け入れて，「**電界は電荷に力ではなく速度を作用させる**」と考えてみる．ここで，速度を作用させることの意味は，「**速度を変動させる**」ことであり「**加速度を与える**」ことである．このように，場の作用に力という正体が定かでない（1.1.1 項）概念を介入させることなく，目に見える空間の属性である速度をそのまま用い，電界と電荷の相互作用を速度変動（加速度）と解釈することによって，「場や時空間に力が作用する」という，私たちにとって難解な概念を避けることができるのではなかろうか．

この立場に立てば，電界から電荷への作用は，電界という時空間のゆがみ（場）が存在しない時空間から見た加速度を電荷に与えることになる．そして，作用反作用の法則に基づく電荷から電界への反作用は，電荷上にいる観測者から見て上記とは逆向きで同じ大きさの加速度を，電界が存在しない時空間に与えることになる．つまり，加速度を与えることはそれを与えられることである．これは，まぎれもなく現に私たちの目に映る実現象であり，容易に理解できる事実である．またこれは，速度の作用反作用の法則（1.4.2 項 c）そのものである．このように，場がなす作用が力でなく加速度であれば，近接作用においても作用反作用の法則が成立する．

人が高所から飛び降りると自然落下する．古典力学に頼る私たちは，これは地球が人に重力という下向きの力を直接作用させるからであると，遠隔作用の立場から説明する．一般に人は，外から力を受ければそれを必ず感知し知覚するものである．ところが自然落下中の人は，地球からの重力を全く感知することはなく，空気抵抗を無視すれば無重力空間に自由状態でふわふわと浮いていると感じているし，実際に何の力をも受けることなく浮遊している．そして自由浮遊落下中の人は，周囲空間を眺めながら，自分が落下前にいた静止空間が鉛直上方の加速度を受け続けて，速度を増しながら上方に移動し続けていると感じる．これは決して錯覚ではなく，速度の反作用という現実である．やがて地面に激突すると，物体に鉛直下向きの加速度を与えるという重力ポテンシャル場の作用が，地面によって強制的に妨げられる．その瞬間に人は，地面から鉛直上向きに強い衝撃力を受けて痛い目に遭う．この瞬間に人は初めて，落下開始から地面に激突するまでずっと地球から重力という鉛直下方の力を直接受け続け，それに引っ張られて自分は落下し続けていたのだと，古典力学に基づいて考えるのである．しかし，この考えは錯覚であり，地面に衝突するまでには地球から何の力も受けずに自由浮遊していたという認識のほうが事実で真実である．このように，「地球の質量がその周辺空間に重力ポテンシャル場という場を形成し，自由落下しつつある人はその場から力ではなく加速度を与えられる」と考えることは，十分可能であり理にかなっている．

太陽などの恒星は，銀河系の中心に位置する重力源（おそらく超巨大ブラックホール）からの万有引力という向心力を受けて，渦巻き状に分布し円運動をしていると考えられている．しかし，太陽が何万光年も離れたはるか彼方のブラックホールから直接巨大な力を受けているという説明は，どうも理解しにくい．むしろ，ブラックホールの質量が銀河系全体の時空間をゆがめて重力場を形成し，この場が太陽に銀河中心に向かう向心加速度（力ではない！）を与えている，と考えるほうがわかりやすい．

一般に作用というものは，作用源のみによって決まる属性を有し，作用対象には支配されないと考えるのが自然で妥当である．事実，銀河系を支配する重力場は，巨大な質量を有する太陽に対しても，宇宙に自由浮遊している塵に対しても，同一の向心加速度を与えている．もし作用を力と考えると，太陽に対しては巨大な向心力を，塵に対しては微小の向心力を与えることになり，作用の属性が作用源ではなく作用を受ける対象の質量に依存して変化することになり，不自然である．

重力加速度 g という加速度は，作用源である地球の質量のみに依存して決まる値であり，地上のすべての物体に対して共通で不変であるが，重力 Mg という力は作用の受け手である対象物体の質量 M 次第で変わる．そこで「地球が物体になす作用は重力 Mg ではなく加速度 g である」と考えるほうが素直であろう．

一般に，与えられるものは増加する．重力場中の落下では，重力は同じで増加しないが速度は増加している．これは，重力場を自由落下中の物体に与えられ続けるのは，力ではなく加速度だからである．力は，作用源からの作用である加速度によって生じる運動を何らかの別の手段で妨げる（地面に激突するなど）ことによって，初めて生まれるのである．このことは，あらゆるポテンシャル場に共通する．時空間のゆがみである場が質量や電荷に与えるのは加速度であり，力ではない．力学ポテンシャル中を移動する物体の移動前後の状態量の差は速度であり，電界（電気ポテンシャル）を移動する電荷の移動前後の状態量の差は電位（電圧）である．このように，**電位（電圧）は力学における速度と相似関係にある．**

ただし，場が物体や電荷になす作用を「力を加える」と見る在来の概念は，正当性を有する．「単位質量あたりの力を加える」ことと「加速度を与える」ことは，ニュートンの運動の法則から等価・同義であるから，両者の相違は解釈と表現の違いにすぎないといえる．本項では，前者よりも後者のほうが素直で理解しやすいことを主張しているだけであり，この相違が力学や電磁気学の概念や理論に影響を与えることはない．

2.1.5　導体

a.　導体とは

金属のように電気をよく導く物質を**導体**という．送電線などからわかるように，電気の利用には導体は不可欠である．導体が電気を導くことができるのは，**自由電子**が存在するからである．原子は，中心に位置する原子核とその周りを回転している電子から構成されている．原子核は，正の電荷を持つ陽子と電荷を持たず電気的に中性である中性子から構成されているから，陽子の数だけの正電荷を持つ正の帯電体である．原子核の周囲には，その正電荷量をちょうど打ち消す数だけの電子（負電荷を有する）が存在し回転しているため，原子は全体としては電気的に中性である．

電子が回転する軌道には定員数があり，定員数は最内周の第 1 軌道では 2 個，その外周の第 2 軌道では 8 個，第 3 軌道では 18 個，などとなっている．代表的な導体である銅は 29 個の電子を持つが，第 3 軌道までの総定員数は 28 個なので，最外周である第 4 軌道を回る電子数は 1 個だけになる．最外周を回るこの孤独な電子は，原子核から最も遠く離れており，原子核からの引力（クーロン力）が弱い上に，自分が置かれた軌道には他に電子が存在せずスカスカに空いているから，自由自在に動ける．そのため，原子から離れやすいのである．原子から離れた電子は，自由電子となって物質内を自

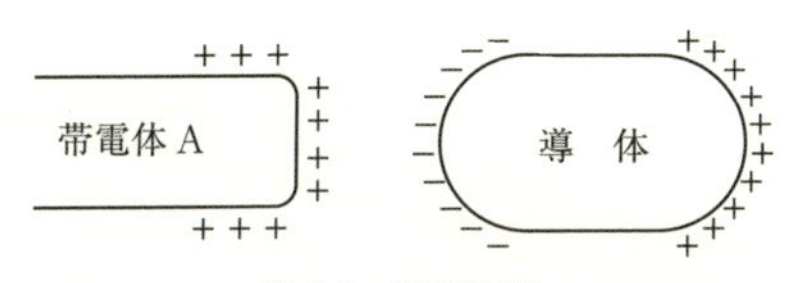

図 2.3　静電誘導

由勝手に動き回る．一方，最外周の電子が離れ去った原子は，負の電荷が不足し正に帯電する．

このように最外周の電子数が 1 個だけの物質には，銅のほかにリチウム，ナトリウム，銀，金などの金属があり，これらは代表的な導体である．

最外周の電子数が 1 個の原子からなる物質は，原子数と同じ数の自由電子を含む．体積 1 cm^3 の銅の中にあるすべての自由電子が持つ電荷の大きさは，それを構成する原子数 8.47×10^{22} 個と電子 1 個の電荷量 1.6×10^{-19} C の積であり，13,600 C になる．間隔 1 m にある 1 C の 2 個の電荷の間に働くクーロン力の大きさは約 100 万 t である[2)] ことが，物理実験からわかっている．これから考えると，銅 1 cm^3 の中にある 13,600 C の自由に移動できる電荷量は，非常に大きい．このように内部に無尽蔵に近い膨大な量の移動可能な電荷を有することが，導体の性質を決めるのである．

図 2.3 のように，導体に帯電体 A を近づけると，A に近い端の導体表面に A の電荷とは逆符号の電荷が現れ，他端の表面にはそれと同量で A と同符号の電荷が現れる．この現象を**静電誘導**という．図 2.3 の場合には帯電体 A は正電荷を有するので，それが作る電界によるクーロン力が導体内の自由電子を帯電体に近い端に引き寄せ，負電荷が現れる．それに伴って帯電体から離れた導体他端では，その分だけ自由電子が不足し，正電荷が現れる．帯電体が負電荷を有する場合には，これと逆の現象が起きる．このように導体表面に誘起された電荷を**誘導電荷**という．

b. 導体内の電界

図 2.3 において，帯電体 A 上の電荷は導体の内外を問わず周囲の空間に電界を作る．一方，導体内には，無尽蔵に近い自由に動ける電荷（自由電子）が存在する．前述の 1 cm^3 の銅の内部にあるすべての自由電子を移動させ誘導電荷にするためには，1 m の間隔に 13,600 × 100 万 t ものクーロン力を生じるだけの電界をかけなくてはならないが，これは全く非現実的である．そのために，帯電体が導体内に作る電界がいくら大きくても，それに応じる量の自由電子が即座に移動できる．そして，導体外部から与えられる電界を完全に打ち消すことができる逆方向の電界を導体内部に作るだけの誘導電荷を，十分の余裕で生じることができる．したがって導体内では，外部の帯電体が作る電界と導体表面の誘導電荷が作る電界が常に完全に打ち消し合い，電界は必ず消滅する．導体の周辺にいくら大きい電界が存在しても，導体内には電界は決して入り込めないのである．

内部に無尽蔵の移動できる電荷が存在することに起因する導体は，以下の電気的性質を有する．

① 導体内部の電界は常に 0 である．

② 導体内部に空洞があっても，その内表面には誘導電荷は存在しない（空間を導体で囲むことによって外界に存在する電界を遮断することを**静電遮へい**という）．

③ 導体の表面は等電位面（線）に一致する．

④ 電気力線は導体表面から垂直に発生する．

⑤ 導体表面上の電荷密度と周囲の誘電率の比は，導体表面の電界に等しい．

上記⑤について説明する．**図 2.4** のように，単位面積あたりの電荷量つまり面密度 ω の電荷が分布する導体表面をまたぐ円筒状の

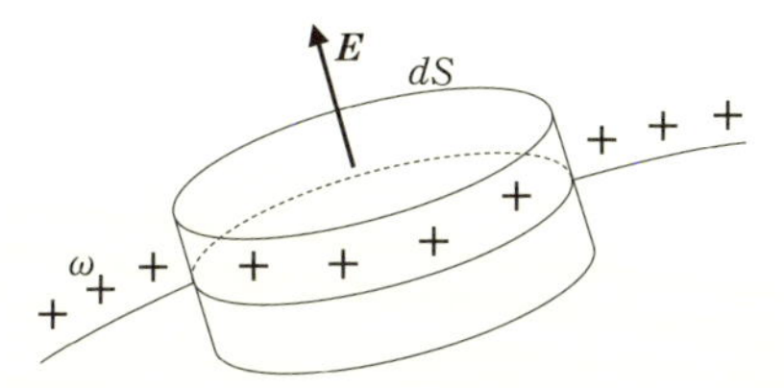

図 2.4　面密度 ω の電荷が分布する導体表面をまたぐ微小閉曲面（円筒）

微小閉曲面に，電界に関するガウスの法則（2.1.2 項）を適用する．導体表面の電界は表面に垂直で円筒側面に平行であるから，側面は面積分に寄与しない，また下端面は，電界が存在しない導体内部にあるから，面積分に寄与しない．唯一残った導体外部の上端面は，表面に平行である．導体表面の電界は，表面に垂直でその強さは E であるから，上端面の微小面積を dS としてこの閉曲面にガウスの法則を適用すれば，$E\,dS = Q/\varepsilon_0 = \omega\,dS/\varepsilon_0$ となる．これから，導体表面の電荷の面密度と導体表面上の電界の間には，上記⑤で述べた $E = \omega/\varepsilon_0$ の関係がある．ただし，この場合には導体周囲の空間を真空（誘電率 ε_0）としている．導体周囲が真空以外のときには，その媒体の誘電率 ε を用いればよい．

2.2　電流と抵抗

2.2.1　電流とは

電流の存在は，摩擦電気による火花放電などの現象として，古代ギリシャ時代から知られていた．1800 年に**ボルタ**（Alessandro Giuseppe Antonio Anastasio Volta，1745–1827）が電池を発明し，人は電気を蓄え電流を流すことができるようになった．ボルタが発明した電池は，希硫酸の中に銅棒と亜鉛棒を入れたものであり，銅を正，亜鉛を負の電極とし，両者の間には 1.1 V の電位差が生じる．この電位差が電圧の単位となり，現在の 1 V という大きさの基になった．

電気の流れを電流という．2.1.1 項に記したように，電気とは電荷を意味する．これは当然のことのように思われるが，電流が導体内部の電荷の流れであることが実験によって確認されたのは 1876 年であって，それほど古いことではない．電流の方向は正電荷が流れる方向と定義されている．実際に導線の中を流れるのは正電荷ではなく負電荷を持つ自由電子であり，電流の実体である自由電子は電流の定義とは逆方向に流れる．このように電流の方向定義は実現象と逆向きであり，どうにも都合が悪いが，いまさらこの定義を変えるわけにはいかない．

電流の強さ I とは，導線の切口を単位時間に通過する電荷の量をいい，その単位はアンペア（A）であり，1 A = 1 C/s である．電流の方向に垂直な断面の単位面積を流れる電流の強さを**電流密度** i という．**図 2.5** に示すように，導線を垂直に切ったときの断面積を $S_{\perp}$ とし，これに対して角度 θ をなす切り口の断面積を S とすると，$S_{\perp} = S\cos\theta$ であるから，$I = iS_{\perp} = iS\cos\theta$ となる．電流が流れる方向を考慮して電流密度をベクトル $\boldsymbol{i}$ で表せば，図 2.5 の面 S に垂直に立てた単位ベクトル $\boldsymbol{n}$ と $\boldsymbol{i}$ の内積 i_n は，$i_n = \boldsymbol{i} \cdot \boldsymbol{n} = i\cos\theta$ となるから，$I = i_n S$ と表すことができる．断面 S が平面ではなく曲面になっているときには，その曲面に平行な成分は曲面を通過しないから，この曲面を通過する電流の強さ I は，電流密度の曲面に垂直な成分 i_n の面積分として

$$I = \int_{\mathrm{S}} i_n dS \tag{2.8}$$

導体中の電流の空間分布の様子が時間的に変化しないとき，この電流を定電流あるいは定常電流という．原子から遊離した自由電子

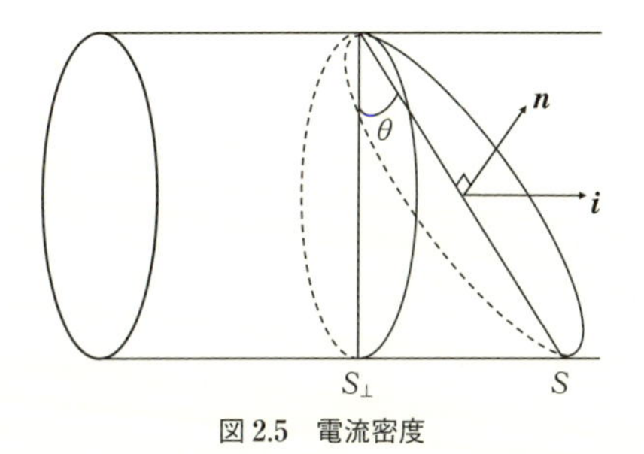

図 2.5　電流密度

が自由に移動できる導体内には，静的状態では電界が存在しないから，電位差は生じず電流は流れない．導体に外部から強制的に電圧をかけると，それに応じて導体内に電位差が生じて電界が発生し，自由電子はこの電界から受けるクーロン力によって運動を起こす．これが電流であり，導体内を電流が流れることそのものが動的状態なのである．外部から印加する電圧が時間的に変化せず一定である定電圧のとき，電流も定常になる．このように，静的と定常は異なる状態であり，定電流は時間的に変化しない動的状態なのである．

実験によると，導線を通過する定電流の大きさは導線のどの断面でも同じ値をとる．これを**定電流の保存則**という．このことを一般化すれば，導体中を流れる電流については，導体内のどの部分でも定電流の保存則が成立する．これは，電気力線にならって電流の流れに沿って描いた電流線は，導体内では途中で不連続に現れたり途切れたりすることはなく，常に閉曲線を作ることを意味する．定常状態では，導体内で電荷がわき出したり消えたりすることはないので，導体内に閉曲面を描けば，その閉曲面を外に向かって通過した電流は必ず再び内に向かって通過する．そこで，導体内に描く任意の閉曲面 S の全表面にわたって式 2.8 の面積分を適用すれば

$$\oint_{\mathrm{S}} i_n dS = 0 \tag{2.9}$$

これが定電流の保存則を表す式である．これは，任意の閉曲面Sを通って単位時間に流出する電荷，すなわち電流の正味の量が0であり，閉曲面内の全電荷の量 Q が一定に保たれることを意味する．

これに対して，閉曲面S内部の電荷 Q が時間と共に変化し，それに伴ってSを通して流出入する電荷の量が0でないときには，式2.9は成立しない．2.1.1項で述べたように，電荷の総量はどのような場合でも保存されるから，電荷量が流出する場合には，S内部の電荷量は単位時間にSの外に流出する分だけ減少し，その減少量は $-dQ/dt = -\dot{Q}$ で与えられる．電流は電荷の移動量であるから，$-\dot{Q}$ は，Sからの電荷の流出量，すなわちSを貫通して外部に流れ出る全電流の強さに等しくなる．したがって，電荷が時間的に変化する場合には式2.9は

$$-\dot{Q}(t) = \oint_{\mathrm{S}} i_n(t)\, dS \tag{2.10}$$

となる．これが，2.1.1項で述べた電荷保存の法則を外部から電荷の出入りがある系に一般化した場合の数式表示である．

閉曲面Sから流出する電流の正味の総量を $I(t) = \oint_{\mathrm{S}} i_n(t)\, dS$ と書けば，式2.10は

$$-\dot{Q}(t) = I(t) \tag{2.11}$$

と表すこともできる．式2.11は電流は電荷の変動（減少）であることを意味している．

2.2.2　電流の物理学的考察

1個の電子が有する電荷を e，単位体積の導体内に存在する自由

電子の数を n，電子の流れの平均速さ v をとすれば，単位面積の導体断面を単位時間に通過する電子の数は nv 個であるから，単位時間あたり単位面積の断面を通過する電荷の量である電流密度は

$$i = nev \tag{2.12}$$

代表的な導体である銅の単位体積あたりの自由電子の数 n を求めてみよう．銅の原子は最外周の 1 個の電子を自由電子として放出するから，自由電子の数は原子の数と同数である．1 モルの銅は**アヴォカドロ数** $N = 6.0 \times 10^{23}$ 個の銅原子を含んでいる（炭素 12 g 中に含まれる原子の数と同数の原子を含む物質の質量を 1 モルといい，その原子の数をアヴォカドロ数という）．一方，1 モルの銅の体積 V_c は，1 モルの銅の質量（原子量）M_c [kg] をその質量密度 ρ_m で割った $V_c = M_c/\rho_m$ で与えられるから，$n = N/V_c = N\rho_m/M_c$ であり，銅の場合には $M_c = 63.5 \times 10^{-3}$ kg，$\rho_m = 8.9 \times 10^3$ kg/m^3 であるから，$n = 8.4 \times 10^{28}$ 個/m^3 になる．このように，単位体積の銅は膨大な数の自由電子を保有している．

次に，断面積 $S = 1$ mm$^2 = 1 \times 10^{-6}$ m^2 の銅の導線内を $I = 1$ A の電流が流れるときの，電流密度，電子の流れの平均速さ，単位時間に通過する電子の数を求めてみよう．電流密度は $i = I/S = 1 \times 10^6$ A/m^2（C/(m^{2}s)）である．銅の単位体積あたりの自由電子の数は $n = 8.4 \times 10^{28}$ 個/m^3，電子 1 個の電荷の大きさは $e = 1.6 \times 10^{-19}$ C であるから，電子移動の平均速さ v は，式 2.12 から $v = i/(ne) = 74 \times 10^{-6}$ m/s $= 74$ μm/s になる．また，単位時間に断面を通過する電子の数は $nv = 6.2 \times 10^{24}$ 個になる．電子は原子に衝突しながら移動していくので，すべての電子が同一の速さで動くのではなく，平均速さ $v = 74$ μm/s で移動していく．

さて電流は，送電線のような何 km もの長さの導線内を超高速で

一瞬のうちに流れていく．電流は導体内の自由電子の流れであるから，私たちには一見，自由電子がこの速さで導線内を超高速移動しているように思われる．しかし，実体はこれとは全く異なり，電流が流れているときの電子の平均速さは，上記のように1秒間にわずか $74\,\mu\text{m} = 0.074\,\text{mm}$ 程度であり，極めて遅いのである．一体これはどういうことだろうか．

導線は，上記の銅の例のように無尽蔵に近い（$n = 8.4 \times 10^{28}$ 個/m^3）自由電子で満たされている導体である．この導線に電流を流すことは，負の電荷を有する自由電子で満たされた導線の一端（電流の下流端）に外部から極めて小さい速さで電子を押し込み，同時に他端（電流の上流端）から同量の電子を同じく極めて小さい速さで外部に引き出すことである．すでに超満員の電車にさらに乗客が乗り込む場合と同様に，外から押し込まれた電子は，自分の居場所を確保するために，もともと導体内に詰め込まれていた自由電子を押し，電子間距離を縮めようとする．そうすると，「電子は重なり合うことができない」という**パウリの排他律**（Wolfgang Pauli，1900–1958）により，正常な状態よりも近い距離 r に近づいた電子間には，$r^{-10} \sim r^{-16}$ に比例する非常に大きい斥力が発生し[2)]，電子同士は激しく反発し合う．この斥力で押された導体内の自由電子は，直ちに外部からの電子の侵入と同方向（電流と逆方向）にわずかに移動し，電子間距離は正常な状態に保たれる．そしてこの電子間斥力は，導線内を瞬時に貫通して電流の下流から上流に伝わり，導線内の全自由電子がわずかに移動する．またそれと同時に，下流端に押し込まれた電子と同数の自由電子が，上流端から外部に押し出される．その結果，導線内の電子数は，電流が流れても全体として一定を保つ．このように，下流端から入る電子と上流端から出る電子は，同数であるが別物なのである．

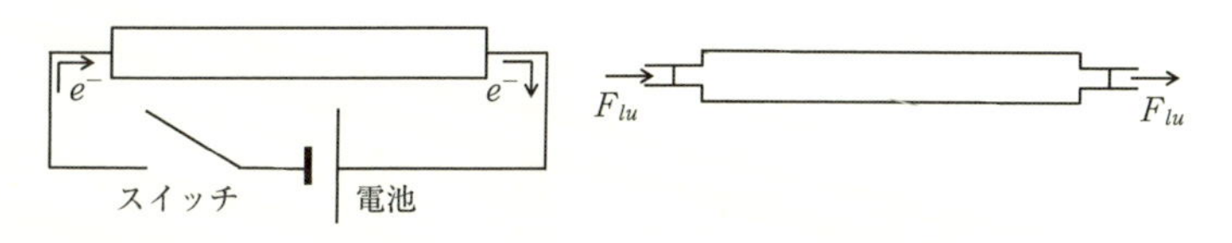

(a) 自由電子で満たされた導体棒　　(b) 水で満たされたパイプ

図 2.6　電流と水の流れの対比

図 2.6 に電流と水流を対比して示す．図 2.6 (a) の電気の流れは，1 個の電子 e^-（上添字 − は電子が負の電荷を有することを示す）が導体棒の左端から入って内部を超高速で通り抜け右端から出ていくという，電流に対する通常のイメージとは全く異なり，個々の電子の運動そのものではなく，集団としての電子のわずかな距離の全体移動である．電流は，図 2.6 (b) のように，水で満たされた長いパイプの左端に外から水 F_{lu} を微小量だけ押し込み，同時にもともと中にあった水を右端から同じ微小量だけ引き出すのと同様の現象である．左端から押し込まれた水と右端から引き出された水は，同量であるが別物である．

電流の正体は，導体の中にびっしり詰まった自由電子の玉突き現象のようなものであり，個々の電子そのものの流動ではなく斥力の伝搬なのである．電流は，長く細い金属棒の一端をハンマでたたくとその衝撃力が弾性波として瞬時に他端に伝わるのと似ている．電子は剛性が著しく高く圧縮性が 0 と見てよいので，電子間斥力の伝搬速度すなわち電流が流れる速度は極めて速く光速に近いのである．このように，**電流は力学における力と相似関係にある．**

上記とは反対に，誘電体（不導体）内の電子は個々の原子核と固く結び付いた形でしか存在しえないから，誘電体内部にもともとある電子は自由電子となって動くことができない．そのために，外部から電子を押し込もうとしても入らず，また引き出そうとしても出ず，結果として電流は流れない．

2.2.3 抵抗

1 秒間に 74 ミクロン（74 μm/s）という電子の平均移動速度は，巨視的な目で見ればあまりにも遅く，電流が流れる超高速度に比べれば完全に無視できる．しかし，原子レベルの微視の世界ではこれでも十分高速であり，また単位時間に断面積 1 mm^2 の導線断面を通過する電子の数も 6.2×10^{24} 個と著しく多い．このように，微視の世界で高速移動中の膨大な数の電子は，不規則熱振動をする原子と無数の衝突を繰り返す．これが電気抵抗の正体であり，この衝突は電子の流れの運動エネルギーを奪い，その分だけ原子の不規則熱振動が増大し，巨視的に見ても決して無視できない量のジュール熱を発生する．

図 2.2 に示したように，物質内の 2 点 A，B 間に電位差（電圧）があるとき，高電位の場所 A から低電位の場所 B に向かって電流が流れる．この電流の強さ I は 2 点間の電圧 $V=V(\mathrm{A})-V(\mathrm{B})$ に比例し

$$I=\frac{V}{R}=GV \quad \text{あるいは} \quad V=RI \tag{2.13}$$

の関係が成立する．このことを 1825 年に実験的に発見したのが**オーム**（Georg Simon Ohm，1789-1854）であり，これを**オームの法則**という．

式 2.13 の比例定数 R を**電気抵抗**あるいは単に**抵抗**といい，1 V の電位差がある 2 点間に流れる電流の強さが 1 A であるときの電気抵抗を 1 オーム [Ω] = 1 V/A という．抵抗は，電圧があるときの電流の流れにくさを表す．抵抗が 0 なら，わずかでも電圧があれば無限大の電流が流れる．これを**短絡**という．反対に抵抗が無限大なら，いくら電圧があっても電流は流れない．これを**開放**という．抵抗の

逆数 $G = R^{-1}$（式 2.13）を**コンダクタンス**といい，その単位はジーメンス [S] である．

電気回路では，抵抗といえば素子（電気部品）を指すが，抵抗は本来物質の電気的性質である．実験によると，一様な物質からなる導線の電気抵抗は，2 点間の長さ l に比例し導線の垂直断面積 S に反比例する．電気抵抗が 0 になる超電導物質を除けば，銀は抵抗が最も小さい金属である．銀より安価で導体としてよく用いられる銅の抵抗は，銀よりわずかに大きい．逆にニクロムは，電熱器に用いるために抵抗が大きく酸化しにくい材料として開発された，ニッケル，クロム，鉄の合金である．水銀は，断面積 $S = 1\,\mathrm{mm}^2 = 10^{-6}\,\mathrm{m}^2$ で長さ $l = 1\,\mathrm{m}$ の柱の抵抗が $95.8 \times 10^{-8} \times 1/10^{-6} = 0.958\,\Omega$ であり，コンダクタンスの単位名の基である**ジーメンス**（Emst Wemer von Siemens，1816-1892）は，これを $1\,\Omega$ の標準抵抗と決めた．

ジュール（James Prescott Joule，1818-1889）は，水を入れたビーカーに金属線を挿入し，金属線の抵抗，金属線に流れる電流および水の温度上昇を測定して，それらの関係を調べ，その結果，1840 年に以下のことを発見した．

抵抗 R に電流 I が流れると，オームの法則に従って抵抗の両端に $V = RI$ の電位差（電圧）が現れる．電流 I が流れることは，1 秒間あたり I の電荷が移動することである．電圧 V の 2 点間を電荷 I が高電位から低電位に向かって移動するとき，電界がなす仕事 W は VI [J] に等しい．したがって，1 秒間に I [C] の電荷の移動があるとき，すなわち電流 I [A] が流れるときには，抵抗 R [Ω] に対して 1 秒間に

$$P = \frac{dW}{dt} = VI = RI^2 = \frac{V^2}{R} = GV^2\ [\mathrm{J/s}] \qquad (2.14)$$

の仕事がなされることになる．式 2.14 を**ジュールの法則**という．

この単位時間あたりの電気的仕事 P を**電力**といい，電力の単位をワット（W = J/s）と呼ぶ．また，電力 [W] と時間 [s] の積は仕事あるいはエネルギー [J] になり，これを**電力量**という．エネルギーの単位であるジュール [J] は，ジュールの法則の発見者にちなんだ名前である．

抵抗中を流れる電流がなす仕事は，負の電荷を有する電子が電流と逆方向に移動する間に原子に衝突して原子の不規則振動を増大させ，巨視的にはそれが熱の上昇として現れてくる．この熱を**ジュール熱**という．したがって，抵抗内で消費された式 2.14 の電力 P は熱エネルギーになる．熱の単位にはカロリー [cal] が用いられ，カロリーと仕事 [J] の単位には，1 cal = 4.185 J の関係がある．この値を**熱の仕事当量**という．

2.3 磁気

2.3.1 磁界

磁石が鉄を引きつけることや，細い磁石で作った磁針が地球の南北を指すことは，古代から知られていた．このような性質を**磁気**といい，磁針の両端を**磁極**という．自由に回転できる磁針は，自然な状態では一方の磁極は北（North）を，他方は南（South）を指す．前者を N 極，後者を S 極と名づける．磁石は，N 極と S 極の対（つい）と考えられる．ちなみに指南とは人を教え導くことを意味するが，磁針が南北という正しい方向を常に指示することが，この言葉の語源になっている．地球は大きい磁石であって，地理的な北極と南極にそれぞれ磁気的な S 極と N 極が存在する．このことは，1600 年にギルバートが発見した（2.1.1 項）．

クーロンは，2つの磁極の間には，電荷と同じように距離の2乗に反比例する力が働くことを実験によって確かめ，電気的現象と磁気的現象がよく似た性質を有することが明らかにされた．しかし，以下に述べるエルステットの発見にいたるまで，両者の間に関係があるとは考えられていなかった．例えば，電気と磁気の両方の存在を発見したギルバートは，両者は全く無関係な現象であると明言していた．

1820年に**エルステット**（Hans Christian, Oersted, 1777-1851）は，導線を南北の方向に設置してその側に磁針を置き，南から北に向けて導線に電流を流すと，磁針のN極が西，S極が東の方向に回転することを発見した．これによって初めて，電気的現象と磁気的現象の間に何らかの関連があることが明らかになった．

この話を聞いてその重大性に気づいた**アンペア**（André Marie Ampère, 1775-1836）は，直ちに電流間に作用する力を詳しく調べ，**図2.7**のように，直線状の2本の平行電流の間には引力が，また反平行電流の間には斥力が作用することを発見した．このことは，電流間の力が電荷間のクーロン力と全く性格が異なる力であることを意味している．なぜなら，クーロン力の場合には，同種電荷間に斥力が，そして異種電荷間に引力が作用するのに対し，電流の場合には，同じ状態（方向）の電流間に引力が，反対の状態の電流間に斥力が作用するからである．

さらにアンペアは，平行・反平行電流間に働く力の大きさは，各々の電流の積 $I_1 I_2$ に比例し両電流間の距離 R に反比例することを，実験で明らかにした．すなわち，直線電流の単位長さ1 mあたりに作用する力の大きさは

$$f = \frac{\mu_0}{2\pi}\frac{I_1 I_2}{R} \tag{2.15}$$

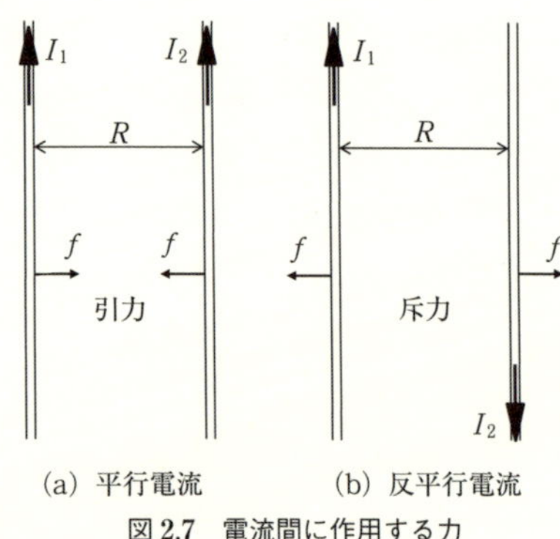

図 2.7　電流間に作用する力

ここで，$\mu_0 = 1.257 \times 10^{-6}\ \mathrm{N/A^2}$ は真空の**透磁率**である．

アンペアは，彼が発見した式 2.15 の力を，離れて置いた電流同士が直接及ぼし合う遠隔作用の力であると考えていた．しかし現在ではこの力も，クーロン力と同じように近接作用の力であるとされている．すなわち，電流同士が直接力を及ぼし合うのではなく，一方の電流がその周囲の空間に場 B を作り，その場に他方の電流をおくと，それにその場から力が働くのである．このことを表現するために，式 2.2 と 2.3 と同様に，式 2.15 を次の 2 つの式に分解して書く．

$$B = \frac{\mu_0}{2\pi} \frac{I_1}{R} \tag{2.16}$$

$$f = I_2 B \tag{2.17}$$

電流がその周囲の空間に作る電界とは別のこの新しい場 $\boldsymbol{B}$（大きさと方向を有するベクトル量）を**磁界**という．エルステットは，電流が流れる導体のまわりには磁界ができることを発見したのである．$\boldsymbol{B}$ そのものについては**磁束密度**という名がついているが，これは歴史的経緯によるものであり，$\boldsymbol{B}$ は磁界に他ならない．式 2.16 は，電流 I_1 から距離 R だけ離れた場所にその電流が作る磁界 $\boldsymbol{B}$ の強さ R を表し，式 2.17 はその場所に置かれた電流 I_2 が磁界 $\boldsymbol{B}$ から受ける力の大きさを表す．

式 2.17 に基づいて，1 A の電流が流れる導線 1 m あたりに作用する力が 1 N のとき，その磁束密度の大きさを 1 テスラ（T）といい，これを磁束密度の単位とする．1 T = 1 N/(A・m) である．しかし，テスラという単位は，実用上は大きすぎるので，1 ガウス = 10^{-4} T という単位が通常使われる．例えば地磁気による磁束密度は，日本の中部でおよそ 0.3 ガウスである．

2.1.2 項において，空間に電界があることを視覚で理解できるように表現する手段として，電気力線を定義した．これに対応して，空間に磁界があることを視覚的に理解できるように表現する手段が，**磁力線**である．磁界と磁力線の関係は電界と電気力線の関係（2.1.2 項）と同一であり，次のようにまとめられる．

① 磁界の方向は，磁力線の接線方向に一致し，磁力線についた矢印の方向を向く．

② 磁界の大きさは，磁力線に垂直な単位面積を通過する磁力線の本数に等しい．

③ 磁荷 Q_m は，Q_m/μ 本の磁力線を発生する．μ は磁荷を囲む空間または媒体の透磁率であり，真空の場合には $\mu = \mu_0$ である．

2.3.2　磁荷

2.1.1 項で，摩擦によって分極した琥珀が羽毛や塵を引き付けるのは，琥珀の先端に電荷が存在するからであることを述べた．一方，磁石で鉄粉が一番よくつくところは両端の磁極である．磁極がこのような性質を持つのは，そこに電荷に対応する「**磁荷**」という

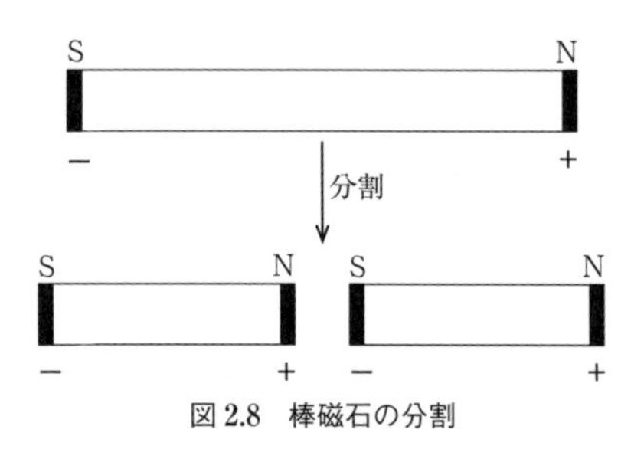

図 2.8　棒磁石の分割

ものが存在するためであると考えられたのは，当然であろう．

2 個の磁石を近づけると，N 極同士，S 極同士の間には斥力が，N 極と S 極の間には引力が働く．このように，同種の磁極は反発し，異種の磁極は吸引する．そこで電荷のときと同じように，磁荷にも正と負の符号をもつものがあると考え，N 極上の磁荷を正，S 極上の磁荷を負と定義する．

図 2.8 のように 1 本の棒磁石を切断して分割すると，分割前には何もなかった切断面上に，両端の磁荷と等量の正と負の磁荷が新しく現れる．このように，棒磁石をいくら細かく分割しても，正と負の磁荷を別々に分離することは決してできない．この点が，正負の電荷を分離することができる電気現象とできない磁気現象の間の本質的な相違点である．

正負の磁極に磁荷が実在すればそれを分離して取り出せるはずなのに，なぜ分離できないのだろうか？　アンペアは，このことを説明するために，磁荷の実在そのものを否定した．そして，磁石による磁界の生成原因を，磁石を構成する分子の電気的性質に帰着し，分子が有する微小な円形電流であると考えた．この微小な円形電流を**分子電流**という．磁石内にはそれを構成する分子の数と同数の分子電流があって，個々の分子電流はその周囲に極めて微小な磁界を作り，この無数の微小磁界の巨視的平均値が磁石の作る磁界である，と考えたのである[2)]．このように考えれば，正と負の磁荷を分離・分割できないのは当然である．なぜなら，磁荷というものはもともと実体が存在しないのだから．

このように，**電気と磁気に関するすべての現象の根源は電荷にある**，というのが現在の物理学の考え方である．しかし磁荷という概念は，磁気現象を説明するのには大変便利であるから，実在しないにもかかわらず電磁気学で常用され，本書もこれに従っている．

2.3.3　磁界に関する法則

図 2.9 のように，鉛直方向の長い直線状の導線に電流を流し，その側に絹糸でつるした小さい磁針を置くと，その磁針は，それを含む導線に垂直な平面（本図では水平面）内で導線を中心とする円 C の円周方向に向いて静止する．そして，正の磁荷を有する N 極は，電流の方向を右ねじの進行方向に一致させたときに，その右ねじの回転方向を向く．これは，電流が作る磁界が N 極にこの回転方向の力を作用させていることを意味する．そこで，N 極に作用する力の方向を磁束密度 $\boldsymbol{B}$ の方向と決めれば，磁界は，電流の方向に進む右ねじの回転方向を向くことになる．これを**アンペアの右ねじの法則**という．

磁界の方向に沿って磁束密度 $\boldsymbol{B}$ が作る磁力線を描くと，それは図 2.9 のように，導線を中心とする閉じた円を描く．このことから類推できるように，電流が作る磁界の磁力線は常に閉曲線を作るのである．そこで，空間中の任意の閉曲面（例えば球や直方体）を横切って中から外へ出ていく磁力線は，必ずまた外から中へ入っていく．したがって，任意の閉曲面を横切る磁力線の総和（面積分）は必ず 0 になる．これを**磁界に関するガウスの法則**という．

直線定電流が作る磁束密度（磁界）の大きさを与える式 2.16 を

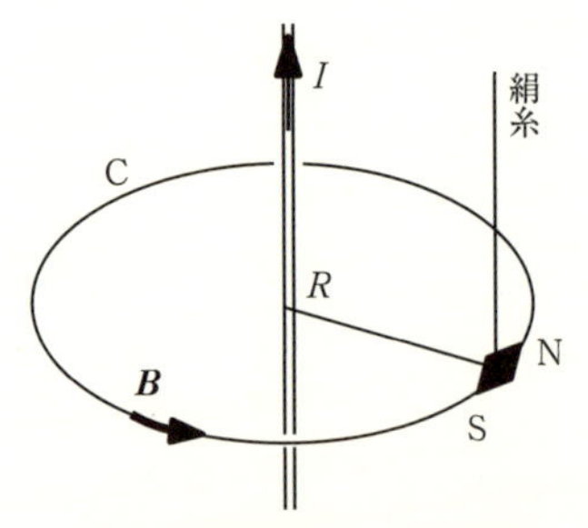

図 2.9　直線電流がつくる磁界

書き換えると

$$2\pi RB(R) = \mu_0 I \tag{2.18}$$

式 2.18 は，磁界 $B(R)$ を図 2.9 の半径 R の円形閉曲線 C 上で円周方向に沿って 1 周（円周の長さ $= 2\pi R$）にわたり加え合わせる（線積分する）と，その閉曲線に囲まれている電流の強さ I に真空の透磁率 μ_0 を乗じたものに等しくなることを表している．このことから類推できるように，任意の閉曲線を 1 周する磁界 $\boldsymbol{B}$ の 1 周にわたる線積分は，その閉曲線で囲まれた面を貫く電流（複数の場合には総和）に真空の透磁率 μ_0 を乗じたものに等しくなる．これを**アンペアの法則**という．

磁界に関するガウスの法則とアンペアの法則の 2 つが，電流が作る磁界を規定する基本法則である．

2.3.4　磁界中の電流に作用する力

直線電流 I_1 は，それを軸とする半径 R の円周に沿って右ねじ方向に式 2.16 の大きさの磁界 $\boldsymbol{B}$ を作り（図 2.9），この磁界 $\boldsymbol{B}$ は，その場所に電流 I_1 と平行同方向に置いた直線電流 I_2 に単位長さあたり式 2.17 の大きさの引力 f を作用させる（図 2.7 (a)）．このとき

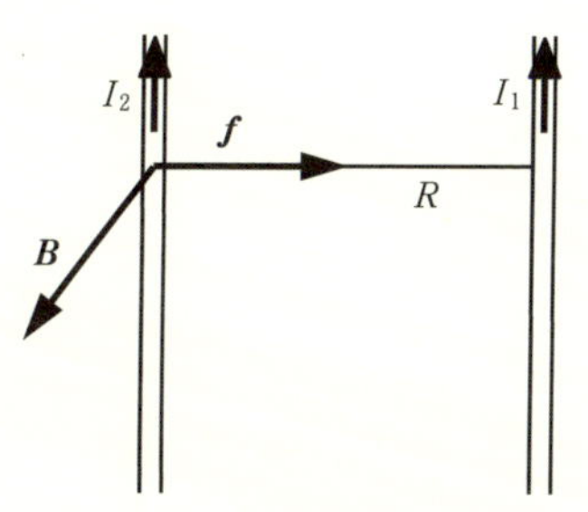

図 2.10　直線電流に作用する力

の作用力の方向は，**図 2.10** に示すように，電流 I_2 が流れる方向と磁界 $\boldsymbol{B}$ の両者に対して垂直である．

これを一般化して，磁界 $\boldsymbol{B}$ 中に置かれた電流 I が流れる方向に沿った微小長さベクトル $d\boldsymbol{l}$ の電流素片 $I\,d\boldsymbol{l}$ に磁界から作用する力 $d\boldsymbol{f}$ は，ベクトル積を用いて

$$d\boldsymbol{f} = I\,d\boldsymbol{l} \times \boldsymbol{B} \tag{2.19}$$

で与えられる．これは，アンペアが発見した力（2.3.1 項）であり，**アンペアの力**という．電流 I の方向と磁界 $\boldsymbol{B}$ がなす角度を θ とすれば，ベクトル積の定義から，アンペアの力 $d\boldsymbol{f}$ は，大きさが $I\,dl\,B\sin\theta$（dl はベクトル $d\boldsymbol{l}$ の大きさ）であり，方向は電流素片 $I\,d\boldsymbol{l}$ と磁界 $\boldsymbol{B}$ が作る平面に垂直でベクトル $d\boldsymbol{l}$ から磁界 $\boldsymbol{B}$ への向きに回転する右ねじが進む方向になる．

これらの方向間の関係を知るために使われるのが，**フレミングの左手の法則**（Fleming, Sir John Ambrose, 1849–1945）である．この法則では，左手の親指が力 $\boldsymbol{f}$ の方向，人差し指が磁束密度 $\boldsymbol{B}$ の方向，中指が電流 I の流れる $\boldsymbol{l}$ の方向，に一致する（後述図 2.13 (a)）．磁束密度 $\boldsymbol{B}$ と電流素片 $I\,d\boldsymbol{l}$ が直交する $\theta = \pi/2$ の場合には，これら 3 本の指は互いに直角になるように向け，直交していない場

合には，人差し指と中指の角度を θ とし，これら両指が作る平面に垂直になるように親指を向ければよい．

2.3.5　ローレンツ力

導線回路内を速度 $\boldsymbol{v}$（大きさ v）で運動している電子などの荷電粒子（電荷 e）に磁界が作用させる力を考える．単位長さの導線に含まれる自由荷電粒子の数を n とする．電流 I は導線の任意断面を毎秒通過する電荷の量であるから $I = nev$．磁界 $\boldsymbol{B}$ 中に置いた電流素片 $I\,dl$ には式 2.19 のアンペアの力が作用するから

$$d\boldsymbol{f} = nev\,d\boldsymbol{l} \times \boldsymbol{B} = n\,dl\,e\boldsymbol{v} \times \boldsymbol{B} \tag{2.20}$$

ここで，$d\boldsymbol{l}$ と $\boldsymbol{v}$ でスカラーとベクトルを入れかえて $v\,d\boldsymbol{l} = dl\,\boldsymbol{v}$ としたのは，導線に沿って流れる荷電粒子の速度ベクトル $\boldsymbol{v}$ は電流素片のベクトル $d\boldsymbol{l}$ と常に同方向だからである．右辺の $n\,dl$ は長さ dl の導線中に含まれる自由荷電粒子の数であるから，1 個の荷電粒子に磁界から働く力 $\boldsymbol{f}$ は，式 2.20 から

$$\boldsymbol{f} = e\boldsymbol{v} \times \boldsymbol{B} \tag{2.21}$$

電界 $\boldsymbol{E}$ の中で荷電粒子 e が受ける力は，式 2.3 より $\boldsymbol{f} = e\boldsymbol{E}$ であるから，これと式 2.21 を組み合わせれば，電界 $\boldsymbol{E}$ と磁界 $\boldsymbol{B}$ の中におかれた荷電粒子には

$$\boldsymbol{f} = e\boldsymbol{E} + e\boldsymbol{v} \times \boldsymbol{B} \tag{2.22}$$

の力が作用する．この力を**ローレンツ力**（Hendrik Antoon Lorentz，1853–1928）と呼ぶ．質量 M の荷電粒子は，このローレンツ力を受けてニュートンの運動方程式 1.12

$$M\dot{\boldsymbol{v}} = e\boldsymbol{E} + e\boldsymbol{v} \times \boldsymbol{B} \tag{2.23}$$

に従って電界と磁界の中を運動する.

2.4 電磁誘導

2.4.1 ファラデーの法則

2.3.1 項で紹介したエルステットの発見によって電流が磁界を作ることを知った**ファラデー**（Michael Faraday, 1791–1867）は，それなら逆に磁界から電流を作ることもできるはずだと考えた．そして，環状の鉄に 2 組のコイル（導線の閉回路）を巻き付け，一方のコイルに電流を流して鉄環内部に環状の磁界を作り，その作用で他方のコイルに電流が生じるかどうかを調べた．すると，第 1 のコイル（1 次コイル）に定常電流を流しているときには何事も起こらず，第 1 コイルのスイッチを入れたときと切ったときにだけ第 2 のコイル（2 次コイル）に電流が流れることがわかった．

これをきっかけにファラデーは，空間に 2 個のコイル（下が 1 次コイル，上が 2 次コイル）を，それらが囲む面が平行になるように近接しておいた**図 2.11** の系を用いて研究を進め，次の場合に 2 次コイルに電流が生じることを，実験で示した．

① 1 次コイルの電流の強さを変えるとき．

② 1 次コイルに一定の強さの電流を流しておき，2 次コイルを移動させるとき．

③ 1 次コイルを除いてその代わりに磁石を近くに置き，それを移動させるとき．

これらの実験結果に基づいてファラデーは，1831 年に次の法則を提唱した．

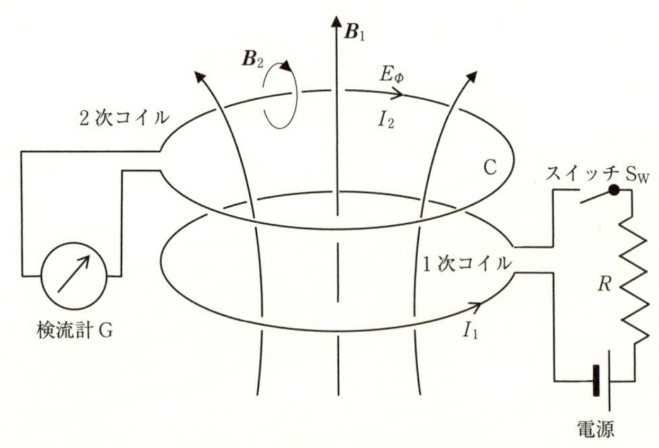

図 2.11　2 個のコイル間の電磁誘導

「**1 つの閉回路に鎖交する磁束が変化するとき，その磁束の減少の割合に比例する起電力がその閉回路に誘導される**」．このような現象を**電磁誘導**といい，この法則を**ファラデーの誘導法則**あるいは**ファラデーの法則**と呼ぶ．この法則を式で表現すれば

$$E_\Phi = -\dot{\Phi} \tag{2.24}$$

ここで，E_Φ は起電力（この場合には 2 次コイルに生じる）であり，磁束 Φ は磁界 $\boldsymbol{B}$（この場合には 1 次コイルが発生する）のうち回路（この場合には 2 次コイル）によって囲まれた任意曲面 S を垂直に貫く成分 B_n の面積分

$$\Phi = \int_{\mathrm{S}} B_n \, dS \tag{2.25}$$

で定義される量である．磁束 Φ の変動によって発生する起電力 E_Φ を**誘導起電力**，それによって回路に流れる電流を**誘導電流**という．式 2.24 に示すように，この誘導起電力は磁束の変動を防げる方向に発生するから，これを**逆起電力**と呼ぶ．

ファラデーの誘導法則は，後述のインダクタンスと密接な関係を持ち，変圧器の原理としても重要な法則である．

図 2.11 を用いて，この電磁誘導の現象を詳しく説明する．下のコイル（1 次コイル）のスイッチ S_w を入れると，1 次コイルに右まわりの電流 I_1 が流れて，磁界 $\boldsymbol{B}_1$ が上方向（電流 I_1 の回転に対し右ねじが進む方向）に発生し，上のコイル（2 次コイル）C が囲む面を下から上へと貫通する．そうすると 2 次コイルには，磁界 $\boldsymbol{B}_1$ が貫通し始め 0 から増加しつつある瞬間だけ，1 次コイルとは逆の左まわりの起電力 E_Φ が発生し，それと同方向に誘導電流 I_2 が流れ，検流計 G が振れる．このとき，2 次コイルに流れる電流 I_2 は新しく自身で磁界 $\boldsymbol{B}_2$ を発生する．磁界 $\boldsymbol{B}_2$ の方向は，電流 I_2 の回転に対し右ねじが進む方向であり，したがって磁界 $\boldsymbol{B}_1$ とは逆方向に 2 次コイル内を上から下へと貫通し，磁界 $\boldsymbol{B}_1$ の増加に抵抗してそれを打ち消そうとする．このように，磁界 $\boldsymbol{B}_1$ が増加しつつあるときには，その増加を妨げる方向に誘導電流 I_2 が発生する．そして，磁界 $\boldsymbol{B}_2$ と磁界 $\boldsymbol{B}_1$ の和 $\boldsymbol{B}_1 + \boldsymbol{B}_2 = \boldsymbol{B}$ の変動が 2 次コイルの起電力 E_Φ の大きさを決める．2 次コイルの起電力 E_Φ とそれを流れる電流 I_2 は，1 次コイルに流れる電流 I_1 が 0 から増加しつつある短い間だけ発生し，I_1 が定電流になると消滅する．

定電流 I_1 が流れ続けている 1 次コイルのスイッチ S_w を切ると，直ちに 1 次コイルを流れていた電流 I_1 は急減して消滅し，同時に磁界 $\boldsymbol{B}_1$ が急減して消滅する．その瞬間に 2 次コイルに，先ほどとは逆の右まわりの起電力 E_Φ が発生し，それと同方向に誘導電流 I_2 が流れる．すると，電流 I_2 に起因する磁界 $\boldsymbol{B}_2$ が，電流 I_2 の回転に対して右ねじが進む方向，すなわちスイッチ S_w を切る前まで生じていた磁界 $\boldsymbol{B}_1$ と同方向に発生し，磁界 $\boldsymbol{B}_1$ の減少に抵抗する．このように，磁界 $\boldsymbol{B}_1$ が減少しつつあるときには，その減少を妨げ

る方向に誘導電流 I_2 が発生する．1 次コイルの電流 I_1 が消滅し終ると同時に 2 次コイルの電流 I_2 も消滅する．

この例からわかるように「**電磁誘導によって回路に流れる誘導電流は，その電流が作る誘導磁界が外から与えた磁界の変化を妨げる方向に流れる**」．これは，1833 年に**レンツ**（Emil Khristianovich Lenz，1804–1865）が提唱したので，**レンツの法則**と呼ばれる．式 2.24 右辺の負号はレンツの法則を意味する．

レンツの法則は，導体中の閉路はそれが囲む断面を貫く磁界の変化を嫌い，その変化と逆方向の磁界を発生する方向の電流を自身の閉路に流すことによってその変化を妨げ，磁界の定常状態を保持しようとする性質を有することを意味する．導体中の閉路とは，導線で作られたコイルまたは導体内部に形成される閉路である．前者の場合にはコイルを周回する電流であり，後者の場合には導体内部に生じる渦電流である．これを逆に見れば，コイルに外部から電圧をかけて電流を流そうとすれば，コイルはその周辺にそれを妨げる方向の磁界を生じることによって，それに抵抗する．

2.4.2　磁界中を運動する回路

前項では，コイルが囲む面積は一定でそれを貫く磁束密度 $\boldsymbol{B}$ が時間的に変化する場合について述べてきた．この場合にはファラデーの誘導法則が成立し，式 2.24 に従って起電力が生じる．磁束密度 $\boldsymbol{B}$ が時間的に一定である静磁界で，かつコイルの面積が一定の場合には，この法則は成立しない．静磁界の場合でも，コイルの面積が時間的に変化すれば，式 2.25 によって磁束が時間的に変化するから，この法則は成立し，コイル内に誘導起電力が生じる．

図 2.12 に示すように，水平に置いた幅 l のコの字形導体の上に直線の導線棒 AB を置いて長方形の閉回路（コイル）を作り，時間変

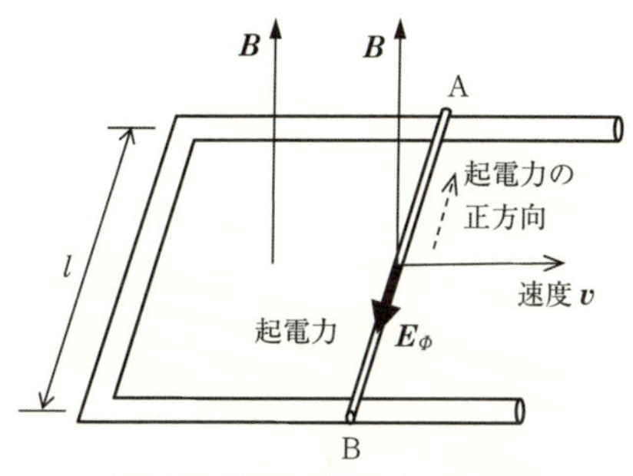

図 2.12　導線の運動による起電力

化しない一様な磁束密度 $\boldsymbol{B}$ をコイルが囲む面の鉛直下から上へと貫通させる．そして導線棒 AB を，コイルの面積が増大する右方向に一定の速さ v で動かし続ける．時刻 t（初期は $t=0$）における面積は $S=lvt$ で与えられるから，コイルを貫く磁束は $\Phi=BS=Blvt$ になり，磁束密度 $\boldsymbol{B}$ は一定でも面を貫通する磁束 Φ は時間 t と共に増大していく．そこでコイルには，ファラデーの誘導法則に起因する起電力 $\boldsymbol{E}_\Phi$ が生じる．その大きさは，式 2.24 から

$$E_\Phi = -\dot{\Phi} = -Blv \tag{2.26}$$

またその方向は，図 2.12 に示すように，時間と共に増大する磁束に逆らう負方向になる．これは，図 2.11 の 2 次コイルに記した $\boldsymbol{E}_\Phi$ と同方向である．

図 2.12 において，右手の親指，人差し指，中指をたがいに直角に曲げ，親指を運動（速度 $\boldsymbol{v}$）の方向，人差し指を磁界 $\boldsymbol{B}$ の方向に一致させると，中指は起電力 $\boldsymbol{E}_\Phi$ の方向に一致する．これは，外部から作用を受けて運動する導体が，磁界を切ることによって導体に起電力を発生する場合の方向関係を表す法則であり，**フレミングの右手の法則**という．

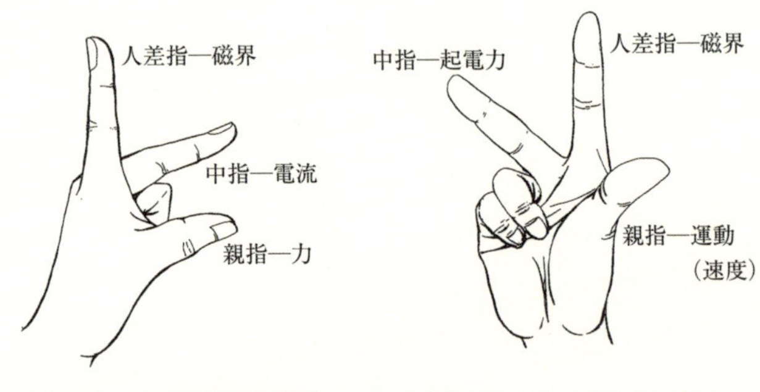

(a) フレミングの左手の法則　　(b) フレミングの右手の法則

図 2.13　フレミングの左手の法則と右手の法則の対比

2.3.4 項では，磁界中を流れる電流に作用する力を表すフレミングの左手の法則を説明した．この法則では，図 2.10 において左手の親指が力 $\boldsymbol{f}$ の方向，人差し指が磁束密度 $\boldsymbol{B}$ の方向，中指が電流 I の流れる $\boldsymbol{l}$ の方向であった．**図 2.13** はこれら両法則を対比する絵である．以下にこれら両法則の本質を説明する．

まず左手の法則（図 2.13 (a)）は，磁界中で電流を流すことによって発生するアンペアの力を表す．導体に電流を流すことは，導体内の荷電粒子を運動させる（速度を与える）ことである．左則は，電流を流すという外部からの電気的作用により荷電粒子に電気エネルギーを与え，荷電粒子を運動させて磁界を切らせ，その結果発生する機械的挙動である力を取り出す際の現象を表す法則であり，磁界を介して電気エネルギーを力学エネルギーに変換する電動機（モータ）を支配する法則である．

次に右手の法則（図 2.13 (b)）は，磁界中で導体を運動させることによって発生する起電力を表す．導体を動かすことは導体内にある荷電粒子を運動させる（速度を与える）こと，すなわち電流を流すことである．右則は，導体を動かすという外部からの機械的作用

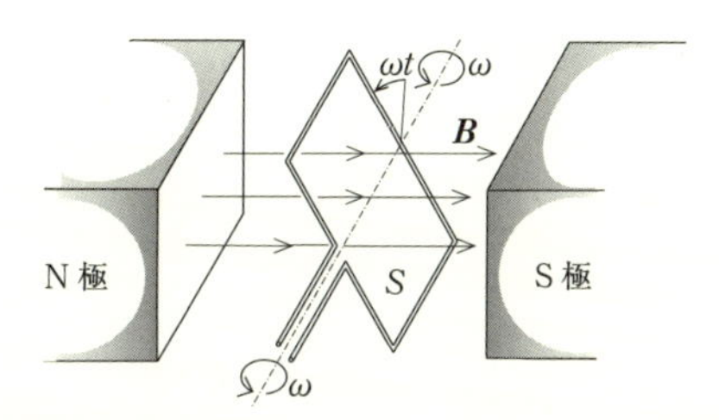

図 2.14　一様な磁界中で回転するコイル（交流発電機）

により荷電粒子に力学エネルギーを与え，荷電粒子を運動させて磁界を切らせ，その結果発生する電気的挙動である起電力（電圧）を取り出す際の現象を表す法則であり，磁界を介して力学エネルギーを電気エネルギーに変換する発電機を支配する法則である．

左則と右則に共通するのは，親指が機械（力・運動（速度））の世界，中指が電気（電流・電圧（起電力））の世界，これら両指に挟まれた人差し指が両世界を仲介する磁気の世界を表すことである．また左則も右則も，原因は共に磁界中を運動する荷電粒子に作用するローレンツ力（2.3.5 項）であり，その本質は共にアンペアの力（2.3.4 項）である．左則は電気（中指）が原因で機械（親指）が結果，右則は機械（親指）が原因で電気（中指）が結果，の互いに逆方向の因果関係（電気・機械間のエネルギー変換）を表す．左則と右則は対称・双対の関係にあり，自然界の対称性を表す好例である．派生法則ではあるが，実用性が高いこれら両法則間の共通点と相違点をよく理解して，両者を混同しないように注意されたい．

図 2.14 は交流発電機の原理を示す模式図である．この図で，磁石の間に形成されている一様な磁束密度 $\boldsymbol{B}$ の磁界の中に，面積 S のコイルを設置し，中心軸のまわりに角速度 ω で回転させる．コイル面が磁束密度に垂直であるときを始点 $t = 0$ とすれば，時刻 t の瞬間におけるコイルの磁束密度 $\boldsymbol{B}$ に垂直な面への投影面積は

$S\cos\omega t$ であるから，この瞬間にコイルを貫く磁束 Φ は，式 2.25 から $\Phi = BS\cos\omega t$ になり，時間 t と共に周期的に変化する．コイル内に発生する誘導起電力 E_Φ は，ファラデーの電磁誘導を表す式 2.24 から

$$E_\Phi = -\dot{\Phi} = \omega BS\sin\omega t \tag{2.27}$$

E_Φ を V と書きコイルの抵抗を R とすれば，コイルに流れる誘導電流 I はオームの法則（式 2.13）から

$$I = \frac{V}{R} = \frac{\omega BS}{R}\sin\omega t \tag{2.28}$$

2.5 静電容量とインダクタンス

2.5.1 コンデンサと静電容量

図 2.15 のように，互いに近づけて設置した 2 個の導体 A と B に，それぞれ正と負の等量の電荷を与えるとき，正に帯電した導体から出た電気力線がすべて負に帯電した導体に入る系を，**コンデンサ**という．コンデンサを構成する 2 個の導体間に電源をつないで電圧をかければ，両導体には正負の等量の電荷が誘導・供給され，その後スイッチを切って電源を外せば，初めに与えた電荷を導体上に留めたまま蓄えておくことができる．

コンデンサの導体に与える電荷の大きさを 2 倍にすれば，両導体に挟まれた空間内の電界の強さは 2 倍になる．そうすると，式 2.6 によって両導体間の電圧も 2 倍になる．このように電荷 Q と電圧 V には比例関係があり，比例定数を C とすれば

$$Q = CV \tag{2.29}$$

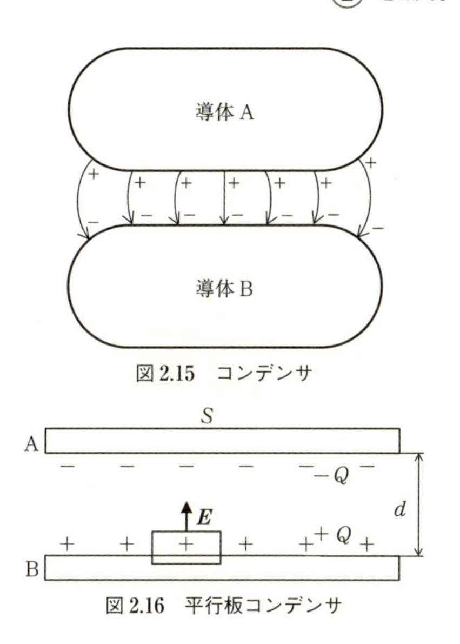

図 2.15　コンデンサ

図 2.16　平行板コンデンサ

この比例定数 C は，コンデンサの電気特性を表し，**静電容量**または**キャパシタンス**という．コンデンサは電荷を蓄える容器であり，その容量（capacity）が静電容量である．

電圧を 1 V 上昇させるのに必要な電荷が 1 C であるとき，その静電容量を 1 ファラッド（F）とする．ただし，ファラッド（F）という単位は実用上大きすぎるので，通常 1 マイクロファラッド（μF）$= 10^{-6}$ F または 1 ピコファラッド（pF）$= 10^{-12}$ F の単位が用いられる．

図 2.16 のように，共に面積 S の 2 枚の導体平板（極板）A と B を間隔 d で平行に置いた平行板コンデンサの静電容量を求める．ただし，両導体間の空間は真空であるとする．上下極板に電荷 $\mp Q$ を与えれば，下極板 B に蓄えられる単位面積あたりの電荷は $\omega = Q/S$ になる．図 2.4 に示したように，導体 B の表面をまたぐ微小閉曲面

を想定し，それにガウスの法則を適用すれば，$E = \omega/\varepsilon_0$ が得られる（2.1.5 項 b）．これから

$$E = \frac{Q}{\varepsilon_0 S} \tag{2.30}$$

電界は導体間の空間内で一様であるから，上下極板間の電圧は，式 2.6 から

$$V = Ed = \frac{Qd}{\varepsilon_0 S} \tag{2.31}$$

式 2.29 と 2.31 から，この平板コンデンサの静電容量は

$$C = \frac{Q}{V} = \frac{\varepsilon_0 S}{d} \tag{2.32}$$

2.2.1 項において，電流は電気（電荷）の流れであることを述べた．図 2.15 のコンデンサの両端間を導線でつなぐと，式 2.11 に従って正電荷は導体 A から B へと移動し，コンデンサに蓄えられていた電荷は減少する．これとは逆に，両端間に電源をつなぎ，正電荷が導体 B から A へと移動する方向に強制的に電流 I を流すと，コンデンサの帯電電荷はその分だけ増加し電圧が増大する．この場合には式 2.29 から

$$I = \dot{Q} = C\dot{V} \quad \text{または} \quad Q = \int I\,dt \tag{2.33}$$

2.5.2　コイルとインダクタンス

a.　自己インダクタンス

エルステットは電流が磁界を生じることを発見し（2.3.1 項），アンペアは磁気の原因が分子電流であること（2.3.2 項）および磁界が電流に力を作用させること（2.3.4 項）を発見し，ファラデーは磁界の変動が電流を生じることを発見し（2.4 節），ビオとサバール

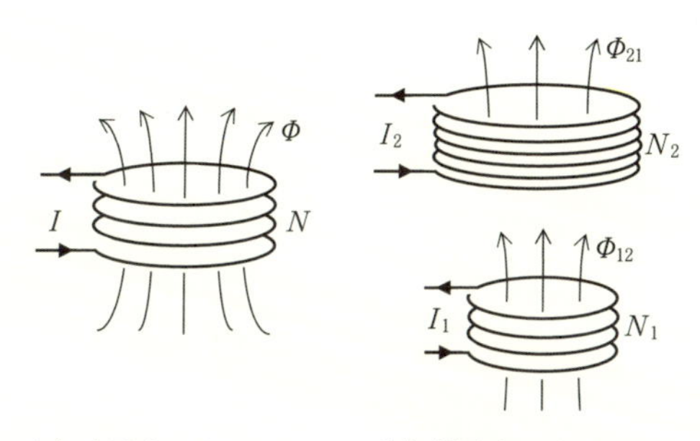

(a) 自己インダクタンス　(b) 相互インダクタンス

図 2.17　インダクタンス

は閉回路を流れる電流はそれが囲む面を貫く磁界を作ることを証明した（ビオ・サバールの法則[2)]）．こうして，電気と磁気の正体と相互関係が次第に明らかにされた．インダクタンスは，この過程で生まれた概念であり，電磁誘導の主役を演じる電気特性である．

電流が作る磁界の強さは，アンペアの法則により電流に比例する（式 2.16）．いま，**図 2.17**（a）のように，空間に固定された巻数 N のコイルに電流 I を流す．このとき生じる**磁束鎖交数** Φ は，コイルに流れる電流 I に比例し

$$\Phi = N\phi = LI \tag{2.34}$$

ここで磁束鎖交数とは，コイルの 1 巻を貫く磁束数 ϕ に巻数 N を乗じたものである．一般に磁束は，単位面積あたりの磁束数である磁束密度 $\boldsymbol{B}$ にコイルが囲む面積を乗じたものとして定義される．N 巻コイルの場合には 1 本の磁束が巻数 N 回だけコイルを貫くから，コイルに対する磁束の効果は，コイルの面積を貫く磁束数が N 倍になったのと等価になる．この等価な磁束数を磁束鎖交数と呼ぶ．また，式 2.34 の比例定数 L を**自己インダクタンス**といい，その単位をヘンリー [H] と名付ける．

コイルに流れる電流 I を変化させると磁束鎖交数 Φ が変化し，ファラデーの誘導法則によってコイルにレンツの法則（2.4.1 項）に従う逆起電力（電圧）E_Φ が発生する．これを**自己誘導**という．このことを表現するために，式 2.34 を時間で微分して式 2.24 に代入すれば

$$E_\Phi = -L\dot{I} \tag{2.35}$$

コイルに外部から電圧 V を印加すれば，コイルは逆起電力 E_Φ を出してこれに抵抗するから，$V = -E_\Phi$ の関係がある．この関係を式 2.35 に代入すれば

$$V = L\dot{I} \tag{2.36}$$

自己インダクタンスは，式 2.34 によれば「コイルに 1 A の電流を流すときに生じる磁束鎖交数」，式 2.35 によれば「コイルの電流を 1 秒間に 1 A の割合で変化させるときに生じる逆起電力」と定義できる．

式 2.34 のように，磁束鎖交数 Φ は，コイルの巻数 N とコイルの 1 巻を貫く磁束数 ϕ の両者に比例する．磁束数 ϕ は磁束密度 B に 1 巻のコイルが囲む面積を乗じた量であるが，コイルを貫く磁束密度 B 自身がコイルの巻数 N に比例する [2)] から，自己インダクタンス L はコイルの巻数 N の 2 乗に比例する．

b.　相互インダクタンス

図 2.17（b）に示すように，巻数 N_1 の 1 次コイルと巻数 N_2 の 2 次コイルを近づけて固定しておく．2 次コイルに電流 I_2 を流すと，そのまわりの空間には磁界が発生し，その一部が 1 次コイルを貫く．1 次コイルを貫くこの磁束 ϕ_{12} は，アンペアの法則によって電流 I_2 に比例するから，その磁束鎖交数 Φ_{12} も電流 I_2 に比例し

$$\Phi_{12} = N_1\phi_{12} = M_{12}I_2 \tag{2.37}$$

電流の強さ I_2 が時間的に変動するときには，上式によって Φ_{12} も時間的に変動し，1次コイルに起電力 $-\dot{\Phi}_{12} = -M_{12}\dot{I}_2$ が生じて強さ I_1 の誘導電流が流れ，それによって生じた磁界もまた1次コイルを貫く磁束鎖交数に寄与する．なぜなら，式 2.24 のファラデーの誘導法則の右辺の磁束には，誘導電流 I_1 自身が作る磁界の影響も含まれているからである．誘導電流 I_1 が作る磁界の磁束鎖交数への寄与量は I_1 に比例するから，1次コイルを貫く全磁束鎖交数 Φ_1 は，式 2.34 の I_1 による磁束鎖交数と式 2.37 の I_2 による磁束鎖交数の和として

$$\Phi_1 = L_1I_1 + M_{12}I_2 \tag{2.38}$$

このとき，1次コイル内に発生する逆起電力 V_1 は，式 2.24 で $E_\Phi = V_1$，$\Phi = \Phi_1$ と置き，式 2.38 を代入すれば

$$V_1 = -L_1\dot{I}_1 - M_{12}\dot{I}_2 \tag{2.39}$$

図 2.17（b）の2次コイルに関しても，上記と同様の関係が成立し

$$\Phi_2 = L_2I_2 + M_{21}I_1 \tag{2.40}$$

$$V_2 = -L_2\dot{I}_2 - M_{21}\dot{I}_1 \tag{2.41}$$

式 2.38〜2.41 の右辺中の比例定数のうち，L_1 と L_2 はそれぞれ1次と2次のコイルの自己インダクタンスである．また，比例定数 M_{21} と M_{12} は常に等しく $M = M_{21} = M_{12}$．この M を両コイル間の**相互インダクタンス**（単位は H）という．

2.6 電気エネルギー

2.6.1 静電エネルギー

図 2.18 のように，2 つの電極 A と B にそれぞれ電荷 $+q$ と $-q$ が分布し，両極間の電圧が V，距離が d，極板の面積が共に S である平板コンデンサを考える．このコンデンサの静電容量は，式 2.32 より

$$C = \frac{q}{V} \tag{2.42}$$

初めには両極上に電荷がなく，現在の電荷分布 $\pm q$ は電極 B から正の微小電荷を少しずつ取り出して電極 A に運んでくることによって形成されたとする．図 2.18 の状態でさらに電極 B から正の微小電荷 dq を取り出して電極 A まで運ぶとき，dq に対して外からなす仕事は式 2.5 と 2.6 と 2.42 から

$$dW = V\,dq = \frac{q}{C}dq \tag{2.43}$$

微小電荷を電極 B から A まで次々に運ぶことによって，両極上の電荷 q を 0 から $\pm Q$ にするために外からなす仕事 W は，式 2.43 を電荷 0 から Q まで積分することによって得られる．このようにして外からなされた仕事は，エネルギー T としてコンデンサ内に蓄えられるから，式 2.42 から得られる式 $Q = CV$ を用いて

$$T = W = \frac{1}{C}\int_0^Q q\,dq = \frac{1}{2C}Q^2 = \frac{1}{2}CV^2 \tag{2.44}$$

コンデンサに蓄えられているこのエネルギーを**静電エネルギー**という．静電エネルギーは，式 2.44 から電荷 Q が分布する極板表面に存在するように見えるが，これまで電磁気学で採用してきた近接作

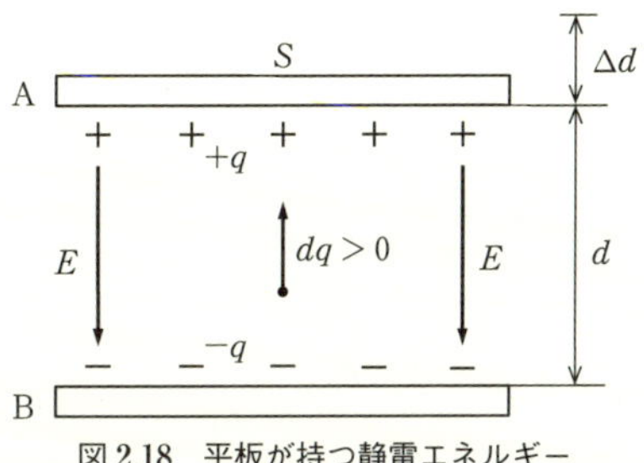

図 2.18　平板が持つ静電エネルギー

用（2.1.2 項）の立場から見れば，極板間の空間のゆがみである場に蓄えられると考えるほうが正しい．

2.6.2　電磁エネルギー

自己インダクタンスあるいは相互インダクタンスを持つ回路の電流を変化させようとすれば，それに反抗する起電力が誘導され，これを逆起電力と呼ぶことはすでに述べた（2.4.1 項）．この逆起電力に抗してさらに電流を変化させ続けるためには，外部からエネルギーを注入して仕事をする必要があり，注入されたこのエネルギーは，インダクタンスを流れる電流によって作られる磁界のエネルギーとして回路周辺の空間のゆがみである場に蓄積される．このエネルギーを**電磁エネルギー**という．**電気エネルギーは静電エネルギーと電磁エネルギーの 2 種類からなる．**

自己インダクタンス L を流れる電流 I が変化するとき，それを妨げようとして誘導される逆起電力 E_Φ は，ファラデーの法則から式 2.24 となる．この逆起電力に抗して（抗するから式 2.45 第 2 項に負号がつく）電荷 dq を運ぶために外部からなす仕事 dW は，dq/dt が電流 I に等しいことから，式 2.24 と式 2.34 の時間微分式より

$$dW = -E_\Phi dq = \frac{d\Phi}{dt}dq = L\frac{dI}{dt}dq = L\frac{dq}{dt}dI = LIdI \qquad (2.45)$$

そこで，自己インダクタンス L に流れる電流を 0 から I まで増加させるために必要な仕事 W は，式 2.34 より

$$U = W = \int_0^I dW = \int_0^I LI\,dI = \frac{1}{2}LI^2 = \frac{1}{2L}\Phi^2 \qquad (2.46)$$

外部からなされたこの仕事 W は電磁エネルギー U を生む．電磁エネルギーは自己インダクタンス周辺の空間に磁界（場すなわち空間のゆがみ）として蓄えられる．自己インダクタンス L に電流 I が流れているときには，この自己インダクタンスは周辺の場に式 2.46 の電磁エネルギー U を蓄えているのである．

一方，静電容量 C のコンデンサに電圧を加えるときには，このコンデンサは式 2.44 の静電エネルギー T を蓄えている．この静電エネルギーは，コンデンサ極板間の場に電界として蓄えられる．このように電界と磁界が共に場にエネルギーを蓄えることは，場自体がエネルギーを持つことができ，真空の空間のゆがみである場がれっきとした物理実体であることを意味している．

コンデンサ C では，電流 I を取り去っても電荷 Q が存在し続け，それまで保有していた静電エネルギーは保有し続けられる．これに対して自己インダクタンス L では，電流 I を取り去る瞬間に磁束 Φ は消滅し，電磁エネルギーは 0 になる．これが，両エネルギー間の本質的な相違点である．電流が流れていたときに蓄えられていた電磁エネルギーは，電流が切れる瞬間に開閉器に生じる火花や回路内抵抗のジュール熱になり，消散する．

2.7 電気回路

2.7.1 直流回路

一般に直流回路は，**図 2.19**（b）のように電源と抵抗から形成さ

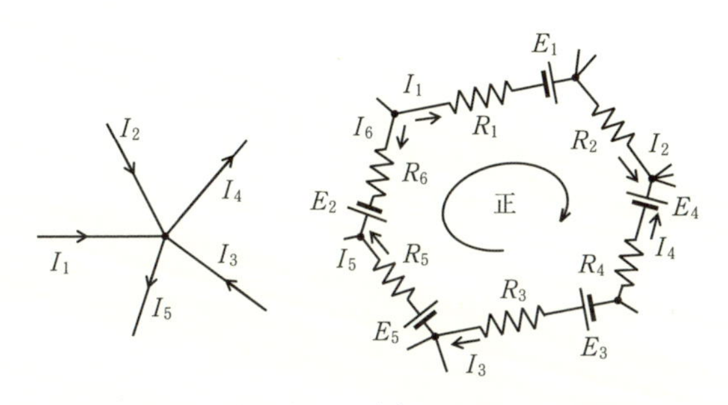

(a) キルヒホッフの第 1 法則　(b) キルヒホッフの第 2 法則
(電流則，ノード則)　(電圧則，ループ則)

図 2.19　キルヒホッフの法則

れる．多くの抵抗が複雑に接続された回路や回路網では，これを簡単な直列・並列の等価回路に置き換えることが困難な場合が多い．このような回路の電流や電圧を決定するのに用いる有力な法則が，1846 年に**キルヒホッフ**（Gustav Robert Kirchhoff，1824–1887）が提唱した**キルヒホッフの法則**である．キルヒホッフの法則は，次の 2 つからなっている．

- **キルヒホッフの第 1 法則：回路内の任意の点に流入する電流を正，その点から流出する電流を負とすると，その点に出入りする電流の代数和は 0 である．**

ここで，代数和というのは，大きさと正負の両者を考慮した和を意味する．

図 2.19 (a) のように，回路網内の 1 つの結合点に流入する電流が I_1，I_2，I_3，流出する電流が I_4，I_5 であるとすれば，第 1 法則は

$$I_1 + I_2 + I_3 - I_4 - I_5 = 0 \tag{2.47}$$

式 2.47 を書き換えると

$$I_1 + I_2 + I_3 = I_4 + I_5 \tag{2.48}$$

式 2.48 において，左辺は流入する電流の和，右辺は流出する電流の和を示しているので，第 1 法則はこれら両者が等しいことを意味している．

第 1 法則を一般式で表せば，次のようになる．

$$\sum_j I_j = 0 \tag{2.49}$$

第 1 法則が成り立つのは次の理由による．もし 1 つの点に流入する電流の代数和が 0 でないとすると，その点に電荷が蓄積されることになる．定常状態の回路ではこのようなことは起こりえないので，代数和は必ず 0 になる．

キルヒホッフの第 1 法則は，電流に関する法則であるから**キルヒホッフの電流則**，また結節点（ノード）に関する法則であるから**キルヒホッフのノード則**とも呼ばれる．

- **キルヒホッフの第 2 法則：回路内の任意の閉回路において，定められた方向の起電力の代数和は，その方向に流れる電流による抵抗の電圧降下の代数和に等しい．**

図 2.19（b）のように，回路網内のある閉回路が，$E_1 \sim E_5$ の 5 つの起電力と $R_1 \sim R_6$ の 6 つの抵抗を含んでおり，各抵抗にはそれぞれ電流 $I_1 \sim I_6$ が矢印の方向に流れているとする．起電力と抵抗を流れる電流は共に方向を有するから，時計回りを正，反時計回りを負にとれば，第 2 法則はオームの法則（式 2.13）から

$$E_1 - E_2 + E_3 - E_4 + E_5 = R_1 I_1 + R_2 I_2 + R_3 I_3 - R_4 I_4 + R_5 I_5 - R_6 I_6 \tag{2.50}$$

第 2 法則を一般式で表せば

$$\sum_{i=1}^{m} E_i = \sum_{i=1}^{n} R_i I_i \tag{2.51}$$

起電力による電圧上昇を負の電圧降下，抵抗による電圧降下を正とおけば，式 2.51 は一般に

$$\sum_j V_j = 0 \tag{2.52}$$

第 2 法則が成り立つのは次の理由による．式 2.51 において，左辺は起電力による電位上昇の大きさ（代数和），右辺は抵抗に電流が流れて生じる逆起電力による電位降下の大きさ（代数和）を表している．閉回路を 1 周すれば元の点に戻るから，始点と終点は同一点であり，電位は必ず同一になる．したがって，閉回路を 1 周する間の電圧（電位差）の総和は等しい．

キルヒホッフの第 2 法則は，電圧に関する法則であるから**キルヒホッフの電圧則**，また閉路（ループ）に関する法則であるから**キルヒホッフのループ則**とも呼ばれる．

一般に，多くの結節点と多くの閉回路からなる回路網の電流分布を知るには，すべての結節点について第 1 法則を適用する必要はなく，またすべての閉回路について第 2 法則を適用する必要もない．法則を適用しやすい結節点と閉回路を合わせて，求める電流の数だけ選び，それらに両法則を組み合わせて適用し，連立方程式を立てて解けばよい．

2.7.2　交流回路

a.　交流とは

『物理学辞典』[23] では交流は次のように説明されている．

平均値 0 を中心として，時間と共に周期的に変化する電流．時間的に一定の定常電流を表す直流に対する用語．周期的に時間変

化する電圧および電流の意味で，交流電圧，交流電流を総称することも多い．振動数があまり大きくない電磁場の現象では，電磁場のエネルギーが主としてコイル，コンデンサなどの回路素子に集中していると考える準定常電流の取扱いができる．普通，交流とは，周期的な電流，電圧のうちで，このような扱いができる振動数を持つ場合を指す．交流の波形としては，正弦波，のこぎり状波，矩形波などがあるが，正弦波が代表的であり，一般の場合には，正弦波のフーリエ成分の重ね合わせで表される．

ここで準定常電流とは，電磁波は無視できるが電磁誘導は無視できない程度の振動数の交流をいう．電磁波が無視できなくなるのは，紫外線からX線あたりの振動数である．逆に，電磁誘導が無視できる程度の小さい振動数の交流は，直流と見なしてもよい．

交流電圧と交流電流を，単一周波数 ω を持つ正弦波で代表すれば

$$V = V_m \sin\omega t, \qquad I = I_m \sin\omega t \tag{2.53}$$

式2.53の左式と右式をそれぞれ**交流電圧**，**交流電流**という．同式のように，電流と電圧を時刻 t の関数で表したものを**瞬時値**という．同式の V_m と I_m は交流の最大値を表し，**振幅**または**波高値**という．

交流の角速度 ω [rad/s] を**角周波数**，ωt を**位相** [rad]，繰返し時間 T [s] を**周期**，単位時間の繰返し数 f [1/s = Hz] を**周波数**といい，これらの間の関係は

$$T = \frac{2\pi}{\omega}, \qquad f = \frac{1}{T} = \frac{\omega}{2\pi} \tag{2.54}$$

電力（単位時間あたりの電気的仕事）の定義式2.14は，交流でも成立する．ある瞬間の電力 $P(t)$ を**瞬時電力**という．式2.53のよ

うに電圧と電流が同じ位相の場合には，電力は式 2.13 と三角関数の公式から

$$P(t) = VI = V_m I_m \sin^2 \omega t = R{I_m}^2 \frac{1 - \cos 2\omega t}{2} \tag{2.55}$$

交流が 1 周期になす仕事は，式 2.55 の 1 周期にわたる時間積分であり，$\cos 2\omega t$ の 1 周期積分は 0 になるから

$$W = R{I_m}^2 \int_0^T \frac{1 - \cos 2\omega t}{2} dt = \frac{R{I_m}^2 T}{2} \tag{2.56}$$

一方，直流電流 I_e が上記交流電流 $I(t)$ の 1 周期である時間 T になす仕事は，式 2.14 から $W' = R{I_e}^2 T$ である．$W = W'$ と置けば，${I_e}^2 = {I_m}^2/2$ になる．同様の関係が成り立つ直流電圧を V_e とすれば，${V_e}^2 = {V_m}^2/2$ になる．これらから

$$I_e = \frac{1}{\sqrt{2}} I_m, \qquad V_e = \frac{1}{\sqrt{2}} V_m \tag{2.57}$$

このように，交流が 1 周期になす仕事と同量の仕事を同じ時間でなす直流の大きさを，交流の**実効値**という．式 2.57 から，単一周波数の交流の実効値は波高値の $1/\sqrt{2}$ 倍になる．交流の電流・電圧を表すのに，振幅 $I_m \cdot V_m$ の代わりに実効値 $E_e \cdot V_e$ を用いることが多い．例えば，100 V の交流電圧は $V_e = 100$ V を意味し，その最大振幅は $V_m = \sqrt{2} V_e = 141$ V である．また，交流の電力はその実効値の直流電力 $R{I_e}^2$ で表すことが多い．例えば 500 W の電熱器は，平均電力が $R{I_e}^2 = 500$ W，最大瞬時電力が $R{I_m}^2 = 2R{I_e}^2 = 1,000$ W である．

電流が電圧から位相 θ だけ遅れている場合には

$$V = V_m \sin \omega t, \qquad I = I_m \sin(\omega t - \theta) \tag{2.58}$$

このとき瞬時電力は，三角関数の公式から

$$P(t) = VI = V_m I_m \sin \omega t \sin(\omega t - \theta)$$
$$= \frac{V_m I_m}{2}(\cos\theta - \cos(2\omega t - \theta)) \tag{2.59}$$

式 2.59 右辺は，第 1 項が定数で第 2 項が角周波数 2ω（周期 $T/2$）の周期関数である．この式 2.59 を第 2 項の 2 周期である時間 T にわたり時間積分すれば，第 1 項は T 倍になり第 2 項は消える．その結果を時間 T で割った平均電力は

$$P_0 = \frac{V_m I_m}{2}\cos\theta = V_e I_e \cos\theta \tag{2.60}$$

このように平均電力は位相差 θ に関係し，$\theta = 0$ のとき最大値 $V_e I_e$，$\theta = \pi/2$ のとき 0 になる．式 2.59 に現れる $V_m I_m/2 = V_e I_e$ を**皮相電力**，$\cos\theta$ を**力率**という．力率は電力の有効利用の割合を示し，力率が 1 のとき利用できる電力が最大になり，0 のとき電力は取り出せない．

b.　電気回路素子

電気回路には，抵抗，コンデンサ，コイルの 3 種類の電気回路素子が使用される．これらの素子はそれぞれ固有の電気的性質を有し，これらが組み合わされて様々な目的の回路が構成される．以下に，各素子の電気特性の働きを学ぶ．

1)　抵抗 R に式 2.53 左の交流電圧を加えるときには，オームの法則（式 2.13）が成立するから，電圧と電流は同位相（式 2.58 で $\theta = 0$）であり，皮相電力と平均電力が等しく，$P_0 = RI_m{}^2/2$ になる．抵抗が消費するこの電力は，電気的に見れば消費であるが，電気を他のエネルギーに変えて使う立場から見れば有効利用になる．このように外に仕事をする電力を**有効電力**という．

2)　静電容量 C のコンデンサの両極板を導線でつなぎ，式 2.53 右の交流電流を流せば，極板には電荷 Q が蓄積され，それに比例し

た電圧 V が発生する（式 2.32 と 2.33）から

$$V = \frac{Q}{C} = \frac{1}{C}\int I\,dt = -\frac{I_m}{\omega C}\cos\omega t = \frac{I_m}{\omega C}\sin\left(\omega t - \frac{\pi}{2}\right)$$
$$= V_m \sin\left(\omega t - \frac{\pi}{2}\right) \tag{2.61}$$

コンデンサに生じる電圧は，振幅が電流振幅の $V_m/I_m = 1/(\omega C)$ 倍で，位相が電流より $\pi/2$ 遅れる．つまりコンデンサでは，電流より 1/4 周期だけ時間的に遅れて電圧が生じる．

電圧振幅と電流振幅の比である

$$\frac{V_m}{I_m} = \frac{1}{\omega C} \tag{2.62}$$

を**容量リアクタンス**と呼ぶ．react という言葉は「反発する」という意味である．容量リアクタンスは交流電流に対する抵抗であり，その単位は抵抗と同一のオーム（Ω）であり，その逆数である ωC は電流の流れやすさを表す．ωC は周波数 ω に比例するから，同じ静電容量 C でも周波数が高いほど大きくなり，交流電流は流れやすくなる．反対に直流は $\omega = 0$ であるから，容量リアクタンスは無限大となり，電流は流れない．このようにコンデンサは直流を遮断するから，直流に対しては回路を開放したのと同じになる．

一般に，位相が進むことは現象が時間的に先に生じることを意味する．結果が原因よりも先に生じることは因果律に反するから，電流より位相が 90°（1/4 周期）遅れて電圧を生じる（式 2.61）**コンデンサは，「電流が原因で電圧が結果」の因果関係に従って機能する**ことになる．すなわち，コンデンサに電流を流すと，電流が流れ込む側の極板に正，それと反対の極板に負，の電荷が増大する方向に電荷変動を生じる．電荷変動は，電流を流すために外部から加える印加電圧に抗する形で電流と逆方向の逆起電力を生じる．コンデンサは，自身が逆起電力を作ることで，外から与えられた印加電圧によって生じた電気エネルギーの不均衡を，電流を止める形で解消し，電気エネルギーの均衡を回復しようとする．

電荷変動は蓄積（時間積分）されて両極板に電荷が貯まり，電荷変動と同時に極板間に生じる電界変動は場（空間のゆがみ）として蓄積されて電界となる．電界は極板間に電位差，すなわち逆起電力を生む．コンデンサは電流の形で受ける電気エネルギーを電荷変動に変えて吸収し，それに伴う電界変動によって静電エネルギーに変換して，電界という場の形で極板間の空間に保存する．やがてコンデンサに生じる逆起電力が外部からの印加電圧と等しい値にまで成長すると，電気的均衡が回復し，電流は流れなくなる．

コンデンサは交流電流によって外部から単位時間に IV の仕事をされる（外部からなされる仕事だから式 2.14 の負値）．したがって，コンデンサに流入する瞬時電力は式 2.53 右と 2.61 から

$$P(t) = -IV = \frac{1}{\omega C} {I_m}^2 \sin \omega t \cos \omega t = \frac{1}{2\omega C} {I_m}^2 \sin 2\omega t \qquad (2.63)$$

交流電流が 1 周期 T になす仕事は，式 2.63 の時間 T にわたる時間積分で与えられるが，時間 T は $\sin 2\omega$ の 2 周期であるから，この時間積分は 0 になる．このように，コンデンサに流れる交流電流は，瞬時では仕事をするが周期単位では仕事をせず，電力を消費しない．仕事をしない電力は電気を利用する立場からは無効であるから，これを**無効電力**という．コンデンサは式 2.63 が正の部分（時間）で電源から電力を取り入れて，負の部分でそれをそのまますべて電源に戻していると考えればよい．

3)　インダクタンス L のコイルに式 2.53 左の交流電圧 V を加えるとき，コイルを流れる電流を I とすれば，式 2.36 の時間積分式から

$$I = \int \frac{V}{L} dt = \int \frac{V_m}{L} \sin \omega t \, dt = -\frac{V_m}{\omega L} \cos \omega t$$
$$= \frac{V_m}{\omega L} \sin\left(\omega t - \frac{\pi}{2}\right) = I_m \sin\left(\omega t - \frac{\pi}{2}\right) \tag{2.64}$$

式 2.64 は，コイルには印加電圧より 1/4 周期遅れて電流が流れることを表す．式 2.64 中の電圧振幅と電流振幅の比である

$$\frac{V_m}{I_m} = \omega L \tag{2.65}$$

を**誘導リアクタンス**と呼ぶ．インダクタンスは逆起電力を生じる電磁誘導により印加電圧に反発（react）する電気特性であり，誘導リアクタンス（単位 Ω）は交流電流の流れにくさを表す．式 2.65 のように，誘導リアクタンスは周波数 ω に比例するから，同じインダクタンス L でも周波数が高くなるほど大きくなり，交流電流は流れにくくなる．反対に直流は周波数が 0 であるから，電流は変動せず，磁界も変動せず，磁界の変動に比例する逆起電力（電圧）を生じさせる電磁誘導は起こらず，誘導リアクタンスは 0 となる．そこでコイルは，直流に対しては短絡と同じになる．

位相が進むことは，現象が時間的に先に生じることを意味する．結果が原因よりも先に生じることは因果律に反するから，印加電圧より 1/4 周期遅れて電流を生じる**コイルは，「電圧が原因で電流が結果」の因果関係に従って機能する**ことになる．すなわち，コイルに外部から電圧を加えると，それに従う方向に電流が流れ始めるという電流変動を生じ，電流変動は周辺空間に磁気変動を生じる．磁気変動は印加電圧に抗する形で印加電圧と逆方向の誘導起電力（逆起電力）を生じる．コイルは，自身が逆起電力を作ることで，外から与える印加電圧によって生じた電気エネルギーの不均衡を，電圧を打ち消す形で解消し，電気エネルギーの均衡を回復しようとす

る．

電流変動は蓄積（時間積分）されて電流が流れ，電流変動と同時に生じる磁気変動は蓄積されて磁界が発生する．コイルは印加電圧の形で受ける静電エネルギーを電流変動によって吸収し，磁気変動によって電磁エネルギーに変換して，磁界という場の形で周囲の空間に保存する．やがて，コイルに生じる逆起電力が印加電圧と等しい値にまで成長すると，電気的均衡が回復し，電流の流れは定常になる．

コイルは交流電圧によって単位時間に IV の仕事をされる（外部からなされる仕事だから式 2.14 の負値）．したがって，コイルに流入する瞬時電力は式 2.53 左と 2.64 と 2.65 から

$$P(t) = -IV = \omega L{I_m}^2 \sin\omega t \cos\omega t = \frac{1}{2}\omega L{I_m}^2 \sin 2\omega t \qquad (2.66)$$

交流電圧が 1 周期 T になす仕事は，式 2.66 の時間 T にわたる時間積分で与えられるが，この時間積分値は 0 になる．このように，コイルに印加される交流電圧は，瞬時では仕事をするが周期単位では仕事をせず，電力を消費しない．コイルは式 2.66 が正の部分（時間）で電源から電力を取り入れて，負の部分でそれをそのまますべて電源に戻していると考えればよい．したがってコンデンサの場合と同様に，式 2.66 も無効電力である．

先述のように，コンデンサは「電流が原因で電圧が結果」の因果関係に従って機能し，外から電流を受けて外に電圧を出す．それに対してコイルは「電圧が原因で電流が結果」の因果関係に従って機能し，外から電圧を受けて外に電流を出す．そこで，コンデンサとコイルを直列につないだ閉回路を作り，それに外部から不均衡電気エネルギーを投入し，その直後に閉回路を外部からエネルギー的に遮断して自由状態とすれば，初期に投入された不均衡電気エネル

ギーは外に逃げることができず，閉回路内を循環し続ける．これが機械系の自由振動に対応する電気回路の共振振動現象である．このときの共振角周波数は[2)]

$$\Omega_n = \frac{1}{\sqrt{CL}}\ [\mathrm{rad/s}] \tag{2.67}$$

2.8　電磁気学における対称性と因果関係

電磁気学は，対称性（1.1.2 項）に裏付けられた理論体系からなっている[2)]．**表 2.1** は電磁気学における概念と事象が有する対称性の例を示す[2)]．また**表 2.2** は真空中を伝搬する電磁波を表現する**マクスウエルの方程式**であり，4 つの基本法則から構成されている[2)]．これらのうち，電界に関するガウスの法則と磁界に関するガウスの法則，およびアンペア・マクスウエルの法則とファラデーの法則の間には，それぞれ対称性が成り立っている．

電磁気学は閉じた因果関係（1.1.2 項）に裏付けられた理論体系からなっている[2)]．例えば，表 2.2 に示したマクスウエルの方程式を構成する 4 つの法則のうち，アンペア・マクスウエルの法則は電界の変動が磁界を生み，ファラデーの法則は磁界の変動が電界を生むことを，それぞれ規定している[2)]．真空中を伝搬する電磁波は電界と磁界の対称な相互変換の連鎖であり，これら 2 法則には電磁波の閉じた因果関係が正しく表現されている[2)]．

電磁気学の入口を簡明に紹介する本章では，表 2.1 と 2.2 に記す内容の一部を説明しているにすぎない．これら 2 つの表の内容理解を含め，本章に続いて電磁気学をさらに深く習得しようとする読者には，参考文献 2 の 207 頁以降を読むことをお勧めする．

表 2.1　電磁気学における対称性

電気	磁気	コンデンサ	コイル
電荷	磁荷	電気抵抗	磁気抵抗
電束	磁束	静電エネルギー	電磁エネルギー
電束密度	磁束密度	誘電体	磁性体
電界	磁界	分極	磁化
電気力線	磁力線	静電誘導	磁気誘導
電位	磁位	誘電率	透磁率
電圧	起磁力	強誘電体	強磁性体
静電容量	インダクタンス	電気回路	磁気回路

表 2.2　真空中の電磁波を表現するマクスウエルの方程式

構成法則名	支配式
電界に関するガウスの法則	$div\,\boldsymbol{D} = 0$
磁界に関するガウスの法則	$div\,\boldsymbol{B} = 0$
アンペア・マクスウエルの法則	$rot\,\boldsymbol{H} = \partial\boldsymbol{D}/\partial t$
ファラデーの法則	$rot\,\boldsymbol{E} = -\partial\boldsymbol{B}/\partial t$

3

電気と機械の相似関係

3.1 状態量

3.1.1 在来の相似則

力学と電磁気学間の相似則に関しては，これまで状態量についてのみ存在するとされていた．本項では，まずこの在来の相似則を説明する．

物理学の多くの分野には，事象の状態を表現し互いに対称・双対の関係にある2種類の状態量が存在し，一方はエネルギーの質（強弱）を，他方はエネルギーの量（大小）を表現し，両者の積は瞬時エネルギー（仕事率・パワー・電力）になるという，分野を越えた共通性が存在する．力学では力 f（強弱）と速度 v（大小），電磁気学では電流 I（強弱）と電圧 V（大小）がそれに相当する．

在来の力学と電磁気学では，これら2種類の状態量を代表する力と速度（回転系ではトルクと角速度，流体系では圧力と流量）およ

表 3.1　電気・機械間の相似則の対比

相似則	状態量名	並進	回転	流体	電気
力・電圧相似	エフォート	力	トルク	圧力	電圧
	フロー	速度	角速度	流量	電流
力・電流相似	スルー	力	トルク	流量	電流
	アクロス	速度	角速度	圧力	電圧
新提案相似	内包量	力	トルク	圧力	電流
	外延量	速度	角速度	流量	電圧

び電流と電圧の間に，**表 3.1** の上中 2 段に示すように，力・電圧相似と（在来の）力・電流相似という 2 通りの相似関係があるとされている [3)].

表 3.1 上段の力・電圧相似では，力 [N], トルク [N・m]，圧力 [Pa = N/m^2]，電圧 [V = N・m/C] のように，単位にニュートン [N] が含まれる状態量を 1 組にまとめて，それらを力のイメージからエフォート（effort）と総称する．一方，速度 [m/s]，角速度 [rad/s]，流量 [m^3/s]，電流 [A = C/s] のように，単位に時間変化率 [1/s] が含まれる状態量をもう 1 組にまとめて，それらを流れのイメージからフロー（flow）と総称する．このように力・電圧相似は，状態量の単位（次元）に着目した相似である．力と電圧が対応し速度と電流が対応するという力・電圧則は，感覚的に受け入れやすく，一般によく使われている．

これに対して，表 3.1 中段に記した在来の力・電流相似は，力，流量，電流のように 1 点を通過する状態量を 1 組にまとめて，それらをスルー（through）と総称し，また（相対）速度（差），圧力（差），電圧（電位差）のように 2 点間をまたぐ差（相対値）として定義される状態量をもう 1 組にまとめて，それらをアクロス（across）と総称する．スルーに関しては 1 点の代数和（大きさと正負の両者を考慮した和）が0になるというノード則（電気ではキルヒホッフの電流則）が，アクロスに関しては閉回路の1周にわたる代数和が0になるというループ則（電気ではキルヒホッフの電圧則）が，それぞれ成立するとされている．

これら在来の2種類の相似則を論じる前に，2.1節と2.2節で記した電流と電圧の物理学的考察を以下に要約する．

3.1.2　電流と力

電流は，負の電荷を有する自由電子が導体内を下流から上流に向かって移動する現象である．電流は長距離の送電線内を瞬時に流れるから，自由電子は一見導体内を超高速で流動しているように思われる．しかし，その実体は全く異なる．例えば，断面積1 mm^2 の銅線内を1 Aの電流が流れるときの自由電子の平均移動速さはわずか0.074 mm/sであり（2.2.2項），これが電子実体の移動速度，すなわち粒子速度である．電子は負の電荷を有するから，電子の移動方向は電流の流れと逆であり，電子は下流から上流に移動する．

すべての導体の内部には，原子核から離れて自由に動き回れる電子（自由電子という）が無数に存在している．例えば1 cm^3 の銅の中には，8.47×10^{22} 個の自由電子がぎっしり詰まっている（2.1.5項a）．導線に電流を流すことは，自由電子ですでに超満員の導線の下流端に外部から余分な電子を押し込むことである．電子を平均移動速さ0.074 mm/sで導線内に外部から強制的に押し込むと，押し込まれた電子はもともと内部に存在していた自由電子と衝突して激しい斥力を発生する．この斥力は導体内を波動速度で伝搬して瞬時に上流端に到達し，上流端からもともと導線内にあった自由電子が押し出される．電子は圧縮性を有しない（パウリの排他律）から，電流の波動速度は光速に近い超高速であり，押込みと押出しはほぼ同時に生じる．このように電流の正体は，自由電子の玉突き現象であり，斥力の伝搬である．そして，押し込まれる電子と押し出される電子は，同数であるが全く別物である（図2.6）．**電流は物体内を弾性波の波動速度で伝搬する力と同一の現象**なのである．

以上から明らかなように，物理学的に見れば，**電流は力と相似関係にある．**

3.1.3　電圧と速度

2点間の電位の差を電圧という．電位は電気ポテンシャルである（2.1節）．電気ポテンシャルは，電界という場（時空間のゆがみ）が有する物理実体であり，電界はその位置にある自由状態の電荷に作用を加え仕事をする．

これは，地球が形成する重力場（力学ポテンシャル）が，その場に置かれた物体に作用を加え仕事をするのと似ている．古典力学では，重力場に置かれた物体には地球から直接引力が作用する（遠隔作用：1.1.1項）と考えるが，現在では，物体はそれが置かれた場から作用を受けるという近接作用（2.1.2項）の考え方が正しいとされている．すなわち，重力場を落下する物体の実現象は，私たちの一般認識とは全く異なり，重力場に放置された物体はどこからも力を受けておらず，ふわふわと空間に漂う自由浮遊状態のままで速度変動（加速度）を与えられ，速度が増加し続けるのである．そしてこの物体は，それとは別の作用（地面に衝突するなど）が付加されて初めて外から力を受ける．物体は，自由落下中にはどこからも力を受けていないのが実態である．このように重力場による作用は，力ではなく加速度でなされると考えるほうが自然である（2.1.4項）．

一般に作用の大きさは，それを発する作用源のみに由来して決まると考えるのが正当で妥当である．真空の重力場に置かれた物体は，それが1トンの鉄塊であろうと米粒や羽毛であろうと，地球の質量のみによって決まる同一の加速度 g（重力加速度）を与えられる．古典力学における遠隔作用のように作用は力でなされると考えると，作用力の大きさ Mg は作用を受ける側の質量 M の大きさ次第で変わることになり，不自然さを感じる．これに対して，作用は速度変動（加速度）によってなされるとすると，素直に理解できる．

一般に，作用を受ける物体にはその効果が蓄積（時間積分）され増大していく．重力場を自由落下中の物体には，上記のように力が全く作用しない状態で速度が増大し続ける．そこで，作用は力ではなく加速度でなされると考えるほうが，より直観的で素直である．

電磁気学では，電界という場がその位置に置かれた電荷に作用を加えるが，その際直接目に見えるのは，電荷がどこからも力を受けない自由浮遊状態のままで動き出す（例えば帯電した琥珀に引き寄せられる羽毛）という事実のみであり，電荷に加わる力は直接には感知・計測できない．そこで，電界がその位置に置かれた電荷に力を加えているか否かについては「不明である」としか言いようがない．これに対して，電界という電気ポテンシャルの作用は力でなされるのではなく速度変動（加速度）でなされる，と考えることは，目に映る実現象の説明として素直で理にかなっている．

このように，**万有引力場や電界（物理学では電場）を含むすべての場は，そこに置かれた物体に力を加えるのではなく，加速度を与え速度を変化させることによって仕事をする．**そこで，**電界（電気ポテンシャルの場）が生む電圧は，**重力場のような**力学ポテンシャルの場が生む速度と相似関係にある．**

3.1.4 正しい相似則

物理学から見れば，学術的に正しい相似則は1つのはずであり，上記の説明から，それは力と電流，速度と電圧が対応する力・電流相似であることがわかる．このことは，直流モータではトルクが電流に比例し回転速度が電圧に比例すること，フレミングの左手の法則が力と電流の対応関係を規定し，また同右手の法則が速度と電圧の対応関係を規定する（2.4.2 項）ことからも理解できる．

ただし，在来の力・電流相似（表 3.1 中段）には，力学における固体系と流体系の相似関係，すなわち力と流量，速度と圧力がそれぞれ対応していると見なす点に問題がある．力に回転半径を乗じるとトルクになり，速度を回転半径で割ると角速度になることから，力とトルクが，また速度と角速度が対応していることは事実であり，正当である．これと同様な関係を流体系に適用すれば，力を断面積で割ると圧力になり，速度に断面積を乗じると流量になることからわかるように，力と圧力が，また速度と流量がそれぞれ対応することは明らかであり，したがって在来の力電流相似は，物理学的には正しくない．

そこで長松昭男は，表 3.1 下段に示すように，この点を修正した新しい力電流相似則を提案し，それを構成する 2 種類の状態量を**内包量・外延量**と呼んでいる[3),4)]．これは 14 世紀初頭に**オレム**（Nicole Oresme；1320–1382）が「質の量は質の強さと量の広がりの積である」とし，前者を内包量，後者を外延量と呼んだことに由来する[15)]．オレムのいう質の量は，現在の瞬時エネルギーを意味する．

表 3.2 に内包量と外延量を対比する．前者は場（空間）または物体の内部に包含・隠ぺいされ，ノード則が成立し，瞬時エネルギーの質的程度（強弱・激穏・内包性：Intensity）を表す．これ

表 3.2　内包量と外延量の対比

内包量	外延量
場または物体の内部に包含・隠ぺいされる.	場の特性として空間に具現・展開される.
瞬時エネルギーの質的程度（強弱・激穏）を表す.	瞬時エネルギーの量的程度（大小・多少）を表す.
ノード則が成立する.	ループ則が成立する.

に対して後者は，場の特性として空間に具現・展開され，ループ則が成立し，瞬時エネルギーの量的程度（大小・多少・外延性：Extensity）を表す．私たちは電流や力を「強い・弱い」と呼び，電圧と速度を「大きい・小さい」と呼ぶ．なお，内包量と外延量の英語名はそれぞれ Intensive value と Extensive value であり，私たちが通常用いている電流と電位の表記記号である I と E はそれぞれ Intensity と Extensity の頭文字に由来する．

さて，長松昭男が新しく提案した表 3.1 下段の相似関係から必然的に，力の時間積分値である運動量 $p = \int f\,dt$（力積：式 1.24）と電流の時間積分値である電気量 $Q(= D) = \int I\,dt$（電荷 Q：式 2.33，電束 D：式 2.4），また速度の時間積分値である位置 $x = \int v\,dt$（速度積，弾性体では変位：式 1.25）と電圧の時間積分値である磁束 $\Phi = \int V\,dt$（インダクタンスの磁気的性質である式 2.34 と 2.36 から導出）は，それぞれ相似関係にあることが導かれる．

電束は電気量周辺の空間や媒体中に形成される想定線であり，空間に実際にそのような線が描かれているわけではないが，それ自身はエネルギーを有するれっきとした物理実体（場）のベクトル量であり，空間や媒体の性質（真空か導体か誘電体かなど）とは無関係に，1 C の電荷から 1 本の線が出るように決められている（2.1.2

項）から，電気量（電荷）と同一と見なしてよい．力学における運動量と位置（1.5.2 項），および電磁気学における電束（電気量）と磁束は，それぞれ互いに対称・双対の関係にある．運動量と電気量（電荷）は，エネルギーと共に物理学全体を支配する基本量である（1.5.1 項，2.1.1 項）．

なお電磁気学では，電荷と対称・双対の関係にある量として磁荷の概念が用いられるが，磁荷は電荷とは異なり実在しない量であり，その正体は分子電流であることがわかっている（2.3.2 項）．ただし，磁束は電束と同様に，空間や媒体中に描かれる想定線であるが，分子電流によって発生し，それ自身がエネルギーを有する実在の物理実体（場）のベクトル量である．

3.2 物理特性

筆者らは本章で，力学と電磁気学の間には上記の状態量以外にも相似関係が存在することを新しく指摘し，第 1 章で再構成された力学を用いて，これまで明らかにされていなかった両物理分野全体にわたる相似則を提示する[4]．**力学と電磁気学間には「両者共にエネルギー現象である」という唯一の共通性が存在している．**したがって両分野間の相似関係の議論は，両分野間を横断する唯一の物理量であるエネルギーを根幹に置いて初めて可能になる．しかし在来力学は，力と運動が表に出てエネルギーが裏に隠れた理論体系で構成されている（1.1.3 項 1)）ので，在来力学をそのまま用いたのではこの議論は困難である．そこで長松昭男は第 1 章で，エネルギーを表に出す形に在来力学を再構成した．本章では，この結果を用いて両分野間の相似関係を明らかにする．

本節では，状態量の変換を演じる力学特性と電気特性の間に成立する相似則について説明する．1.3.4 項では，力学の根幹を力と運動の関係からエネルギーの変換と流動に移して，**「力学エネルギーの均衡状態ではそれを保とうとし，その不均衡状態では均衡状態に復帰しようとする」**とし，これを演じるのが力学特性であるという認識の下にその機能を定義した．本節ではこれと同様の認識を電磁気学に拡張し，**「電気エネルギーの均衡状態ではそれを保とうとし，その不均衡状態では均衡状態に復帰しようとする」**という基本概念を設定し，これを演じるのが電気特性であるという観点からその機能定義を試みる．そして，力学特性と電気特性を対比し，両者間の相似則を明らかにする．

3.2.1　質量と静電容量

まず，1.3.4 項で提示した質量の機能定義をここで再記する．

- **質量の静的機能**：力学エネルギーの均衡状態では，0 を含む一定の速度で力学エネルギーを保有する．
- **質量の動的機能**：力学エネルギーの不均衡状態では，その不均衡を力の不釣合いで受け，それに比例した速度変動（加速度）に変換する．速度変動は時間の経過と共に速度を変化させる．質量は，この速度の変化分だけの力学エネルギーを吸収することにより，力の不釣合いを解消し，力学エネルギーの均衡を回復させる．

質量 M は外部からの作用を専ら力で受ける（1.3.5 項 3)）から，質量における力学エネルギーの均衡状態は，力が作用しないか，複数の力が加わってもそれらが釣り合っている状態を意味する．このとき質量は自由状態に置かれ，静止を含む一定の速度を保つ．これは慣性の法則（1.4.1 項 a）であり

$$v = \text{一定} \tag{3.1}$$

質量は力学エネルギーを運動エネルギー（式 1.7）

$$T = \frac{1}{2}Mv^2 \tag{3.2}$$

として速度の形で保有するから，質量の静的機能の下では力学エネルギーは変化せず，その均衡状態は保持される．

一方，力学エネルギーの不均衡状態は，不釣合い力が存在する状態を意味する．質量はこの不釣合い力を受けて，それに比例した加速度を生じる．これは運動の法則（1.4.1 項 b）であり（式 1.12）

$$f = M\dot{v} \tag{3.3}$$

これによって質量は，自ら慣性力（$f_M = -M\dot{v}$：式 1.2）を発生して，外部から作用する不釣合い力 f に抵抗する．加速度 $\dot{v}$ は時間と共に蓄積されて速度 v になり，運動エネルギー（式 3.2）を増加させる．こうして質量は，外作用力を運動に変換することによって不均衡力学エネルギーを吸収し，力学エネルギーの均衡を回復させる．

次に，静電容量の機能を定義する．

- **静電容量の静的機能**：電気エネルギーの均衡状態では，0 を含む一定の電圧で電気エネルギーを保有する．
- **静電容量の動的機能**：電気エネルギーの不均衡状態では，その不均衡を電流で受け，それに比例した電圧変動に変換する．電圧変動は時間の経過と共に電圧を変化させる．静電容量は，この電圧の変化分だけの電気エネルギーを吸収することにより，電流を解消し，電気エネルギーの均衡を回復させる．

静電容量 C は外部からの作用を専ら電流で受ける（2.5.1 項）から，静電容量における電気エネルギーの均衡は，電流が流れない状態を意味する．このとき静電容量は自由状態に置かれ，0 を含む一定の電圧を保つ．

$$V = 一定 \tag{3.4}$$

静電容量は電気エネルギーを静電エネルギー（式 2.44）

$$T = \frac{1}{2}CV^2 \tag{3.5}$$

として電圧の形で保有するから，静電容量の静的機能（式 3.4）の下では電気エネルギーは変化せず，その均衡は保持される．

一方，電気エネルギーの不均衡は，電流が流れる状態を意味する．静電容量はこの電流を受けて，それに比例した電圧変動を生じる（式 2.33）．

$$I = C\dot{V} \tag{3.6}$$

これによって静電容量は，自ら逆起電力を発生して，外部から流入する電流（外作用）に抵抗する．静電容量が発するこの逆起電力は，質量が発し，外作用力に抵抗する慣性力と相似関係にある．電圧変動 $\dot{V}$ は時間と共に蓄積されて電圧 V になり，静電エネルギー（式 3.5）を増加させる．こうして静電容量は，外作用として流入する電流を電圧に変換することによって不均衡電気エネルギーを吸収し，電気エネルギーの均衡を回復させる．

3.1 節で述べたように，力 f と電流 I が，また速度 v と電圧 V が互いに相似関係にあるから，式 3.1 と 3.4，式 3.2 と 3.5，式 3.3 と 3.6 はそれぞれ互いに相似関係にあることは明らかである．このように，物理領域が異なる質量 M と静電容量 C の両者の機能を唯一の共通物理量であるエネルギーを用いて定義することによって初めて，両者間の相似関係が明らかになる．

3.2.2　弾性とインダクタンス

まず，1.3.4 項で提示した弾性の機能定義をここで再記する．

- **弾性の静的機能**：力学エネルギーの均衡状態では，0 を含む一定の力（弾性力）で力学エネルギーを保有する．
- **弾性の動的機能**：力学エネルギーの不均衡状態では，その不均衡を速度の不連続（弾性両端間の速度差 = 相対速度）で受け，それに比例した力変動に変換する．力変動は時間の経過と共に力を変化させる．弾性はこの力の変化分だけの力学エネルギーを吸収することにより，速度の不連続を解消し，力学エネルギーの均衡を回復させる．

弾性 H は外部からの作用を専ら速度で受ける（1.3.5 項 3)）から，弾性における力学エネルギーの均衡状態は，速度が存在しないか，弾性の両端間に速度差がなく，速度が連続している状態を意味する．このとき弾性は自然長を含む一定長に置かれ，0 を含む一定の力（弾性力）を保つ．これは弾性の法則（1.4.2 項 a）であり

$$f = \text{一定} \tag{3.7}$$

弾性は力学エネルギーを弾性エネルギー（式 1.9，ただし $H = 1/K$：K は剛性）

$$U = \frac{1}{2}Hf^2\left(= \frac{1}{2H}x^2\right) \tag{3.8}$$

として力の形で保有するから，弾性の静的機能の下では力学エネルギーは変化せず，その均衡状態は保持される．なお，弾性体が形を形成し，弾性力 f に伴い変位 x を生じる固体の場合に限り，在来力学のように弾性は力学エネルギーを変形で保有するとしてもよいが，弾性体が形を形成しない流体の場合には，弾性力の変化が変形を生じないので，式 3.8 右カッコ内の表現は必ずしも成立しない．

一方，力学エネルギーの不均衡状態は，弾性の両端間に不連続速度が存在する状態を意味する．弾性はこの不連続速度を受けて，それに比例した力変動を生じる．これは力の法則（1.4.2 項 b）であり（式 1.13）

$$v = H\dot{f} \tag{3.9}$$

力変動 $\dot{f}$ は時間と共に弾性内部に蓄積されて力になり，弾性力 f が増大し，弾性エネルギー（式 3.8）を増加させる．同時に復元力（弾性力の反作用力：$f_K = -f = -Kx$：式 1.3）も増大し，それが外部から作用させる不連続速度に抵抗する．弾性両端に接続する外部は，この復元力を受けて不連続速度を減少させ，弾性に対する拘束力（復元力の反作用力 = 弾性力）を増大させる．やがて不連続速度が消滅すると，力学的エネルギーは均衡状態に復帰する．こうして弾性は，外作用速度を力に変換することによって不均衡力学エネルギーを吸収し，力学エネルギーの均衡を回復させる．

弾性を一定長に拘束している拘束力を除き，自由状態に置くと，その瞬間に弾性内部の弾性力は消滅し，弾性は変形のない自然長に復元する．同時にそれまで弾性が保有していた弾性エネルギーは，すべて熱エネルギーに変換される形で消散する．

次に，インダクタンスの機能を定義する．

- **インダクタンスの静的機能**：電気エネルギーの均衡状態では，0 を含む一定の電流で電気エネルギーを保有する．
- **インダクタンスの動的機能**：電気エネルギーの不均衡状態では，その不均衡を電圧で受け，それに比例した電流変動に変換する．電流変動は時間の経過と共に電流を変化させる．インダクタンスは，この電流の変化分だけの電気エネルギーを吸収することにより，電圧を解消し，電気エネルギーの均衡を回復させる．

インダクタンス L は外部からの作用を専ら電圧で受ける（2.5.2項）から，インダクタンスにおける電気エネルギーの均衡状態は，両端の電位が同一で，両端間に電圧（電位差）が存在しない状態を意味する．このときインダクタンスは，0 を含む一定の定常電流を保つ．

$$I = \text{一定} \tag{3.10}$$

電流はインダクタンスの周辺空間に磁界という場を形成し，インダクタンスは電気エネルギーを電磁エネルギー（式 2.46）

$$U = \frac{1}{2}LI^2 = \frac{1}{2L}\Phi^2 \tag{3.11}$$

として電流（磁界）の形で保有するから，インダクタンスの静的機能の下では電気エネルギーは変化せず，その均衡状態は保持される．

一方，電気エネルギーの不均衡状態では，インダクタンスの両端間に電圧が存在する．インダクタンスはこの電圧を受けて，それに比例した磁界変動を生じ，同時に電流変動を生じる（式 2.34 と 2.24：ただし，電圧は磁界変動が誘導する逆起電力の負値であり（レンツの法則：2.4.1 項）$V = -E_\Phi$）．したがって（式 2.36）

$$V = \dot{\Phi} = L\dot{I} \tag{3.12}$$

電流変動 $\dot{I}$ は時間と共に蓄積されて電流になり，インダクタンスを流れる電流 I が増大し，電磁エネルギー（式 3.11）を増加させる．同時に逆起電力 E_Φ が増大し，それが外部から印加されている電圧 V に抵抗するから，電圧が減少する．やがて電圧が消滅すると，電気エネルギーは均衡状態に復帰する．こうしてインダクタンスは，外から印加された電圧を電流に変えることによって不均衡電気エネルギーを吸収し，電気エネルギーの均衡を回復させる．これは，力学において弾性が外から強制された両端間の速度差を弾性力に変えることによって不均衡力学エネルギーを吸収し，力学エネルギーの均衡を回復させる現象と相似関係にある．

定常電流を除きインダクタンスを開放すると，その瞬間に周辺空間の定常磁界は消滅し，インダクタンスは磁界を有しない自然状態に復元する．同時にそれまで磁界が保有していた電磁エネルギーは，すべて熱エネルギーに変換される形で消散する．これは，拘束力を除き弾性（ばね）を開放すると，その瞬間にばねは自然長に復元する現象と相似関係にある．

3.1 節で述べたように，力 f と電流 I が，また速度 v と電圧 V が互いに相似関係にあるから，式 3.7 と 3.10，式 3.8 と 3.11，式 3.9 と 3.12 はそれぞれ互いに相似関係にあることは明らかである．このように，物理領域が異なる弾性 H とインダクタンス L の両者を，唯一の共通物理量であるエネルギーを用いて定義することによって初めて，両者間の相似関係が明らかになる．

式 3.1 と 3.7，式 3.2 と 3.8，式 3.3 と 3.9 を対比すれば，質量と弾性が互いに対称・双対の関係にあることがわかる（1.3.4 項）．また，式 3.4 と 3.10，式 3.5 と 3.11，式 3.6 と 3.12 を対比すれば，静電容量とインダクタンスが互いに対称・双対の関係にあることがわかる．

3.2.3 粘性とコンダクタンス

粘性 C_m には，作用速度（両端間の速度差）に比例した力が生じる（式 1.10）．

$$f = C_m v \tag{3.13}$$

一方，コンダクタンス G（電気抵抗 R の逆数：$G = 1/R$）には，印加電圧（両端間の電位差）に比例した電流が流れる（式 2.13）．

$$I = GV \tag{3.14}$$

力と電流，速度と電圧が相似関係にあるから，式 3.13 と 3.14 を比較すれば，力学特性である粘性と電気特性であるコンダクタンスは互いに相似関係にあることがわかる．また，粘性の散逸パワーは $P = C_m v^2$（式 1.11）であり，一方，コンダクタンスの消費電力は $P = GV^2$（式 2.14）であることからも，この相似関係が理解できる．

3.3 物理法則

質量の静的機能を表現する慣性の法則（式 3.1）と静電容量の静的機能（式 3.4），弾性の静的機能を表現する弾性の法則（式 3.7）とインダクタンスの静的機能（式 3.10），質量の動的機能を表現する運動の法則（式 3.3）と静電容量の動的機能（式 3.6），弾性の動的機能を表現する力の法則（式 3.9）とインダクタンスの動的機能（式 3.12）は，それぞれ互いに相似関係にある（3.2.2 項）．粘性の機能（式 3.13）とコンダクタンス（電気抵抗の逆数）の機能を表現するオームの法則（式 3.14）は，互いに相似関係にある（3.2.3 項）．

「1 点に作用する複数の力の代数和（合力）は 0 になる」という力の釣合い則（作用力と反作用力を別の力として勘定する広義の力の釣合い = ダランベールの原理：式 1.14）と「電気回路内の 1 点に流入・流出する複数の電流の代数和は 0 になる」というキルヒホッフの第 1 法則（式 2.49）は，互いに相似関係にある．「多自由度力学系内の任意の閉回路を 1 周する速度の代数和は 0 になる」という速度の連続則（式 1.16）と「電気回路内の任意の閉回路を 1 周する電圧の代数和は 0 になる」というキルヒホッフの第 2 法則（式 2.52）は，互いに相似関係にある．

「運動量の時間変化率は力に等しい」という運動量の法則（式 1.24）と「電気量（電荷）の時間変化率は電流に等しい」という電気量の規定（式 2.33）は，互いに相似関係にある．これらとそれぞれ対称・双対の関係にある「位置の時間変化率は速度に等しい」という位置の定義（式 1.25）と「磁束の時間変化率は（インダクタンスに印加される）電圧に等しい」という磁束の規定（式 2.36 と式 2.34 の時間微分から $\dot{\Phi}(=L\dot{I})=V$）は，互いに相似関係にある．

「力が作用しない場合には運動量は保存される」という運動量保存の法則（1.5.2 項：$p=$ 一定）と「電流が流れない場合には電気量（電荷）は保存される」という電気量保存の法則（2.1.1 項：$Q=$ 一定）は，互いに相似関係にある．これらとそれぞれ対称・双対の関係にある「速度が作用しない場合には位置は保存される」という位置保存の定義（1.5.2 項：$x=$ 一定）と「電圧が印加されない場合には（インダクタンスの）磁束は保存される」という磁束保存の規定（上記の磁束の規定において $V=0$ の場合：$\Phi=$ 一定）は，互いに相似関係にある．

「(質量が保有する）運動量は質量と速度の積である」という運動量の定義（式 1.17）と「(コンデンサが保有する）電気量は静電容量と電圧の積である」という静電容量の性質（式 2.29）は，互いに相似関係にある．これらと互いに対称・双対の関係にある「(ばねに生じる）変位は弾性と力（弾性力）の積である」というフックの法則（式 1.6）と「(コイルが周辺空間に生じる）磁束はインダクタンスと電流の積である」というインダクタンスの性質（式 2.34）は，互いに相似関係にある．

運動量保存の法則と電気量保存の法則は，エネルギー保存の法則と共に，物理学全体を支配する基本法則である．

運動量の定義（$p = Mv$：式 1.17）を時間で微分すれば，質量の動的機能を表現する運動の法則（$f = \dot{p} = M\dot{v}$）になり，運動量の定義と対称・双対関係にあるフックの法則（$x = Hf$：式 1.6）を時間で微分すれば，弾性の動的機能を表現する力の法則（$v = \dot{x} = H\dot{f}$：式 1.13）になる．同様に，静電容量の性質（$Q = CV$：式 2.29）を時間で微分すれば，静電容量の動的機能（$I = \dot{Q} = C\dot{V}$：式 2.33）になり，静電容量と対称・双対関係にあるインダクタンスの性質（$\Phi = LI$：式 2.34）を時間で微分すれば，インダクタンスの動的性質（$V = \dot{\Phi} = L\dot{I}$：式 2.36）になる．

3.4 エネルギーと仕事

1.6.7 項に記したように，弾性体の力学エネルギーは，次式に示す運動エネルギー T_m（式 1.41）と弾性エネルギー U_m（式 1.40）からなる．

$$T_m = \frac{1}{2}Mv^2 = \frac{1}{2M}p^2 \tag{3.15}$$

$$U_m = \frac{1}{2}Hf^2 = \frac{1}{2H}x^2\left(= \frac{1}{2}Kx^2\right) \tag{3.16}$$

1 章に記したように，力 f と速度 v，運動量 p と位置（変位）x，質量 M と弾性 H が，それぞれ互いに対称・双対の関係にあるから，上記の運動エネルギーと弾性エネルギーは互いに対称・双対の関係にある．

一方，2.6 節に記したように，電気エネルギーは次式に示す静電エネルギー T_e（式 2.44）と電磁エネルギー U_e（式 2.46）からなる．

$$T_e = \frac{1}{2}CV^2 = \frac{1}{2C}Q^2 \tag{3.17}$$

$$U_e = \frac{1}{2}LI^2 = \frac{1}{2L}\Phi^2 \tag{3.18}$$

2章に記したように，電流 I と電圧 V，電気量 Q（＝電荷＝電束 D）と磁束 Φ，静電容量 C とインダクタンス L が，それぞれ互いに対称・双対の関係にあるから，上記の静電エネルギーと電磁エネルギーは互いに対称・双対の関係にある．

3.1.4 項と 3.2 節に記したように，速度 v と電圧 V，運動量 p と電気量 Q，質量 M と静電容量 C が，それぞれ互いに相似関係にあるから，運動エネルギー T_m（式 3.15）と静電エネルギー T_e（式 3.17）は互いに相似関係にある．また，力 f と電流 I，変位 x と磁束 Φ，弾性 H とインダクタンス L が相似関係にあるから，弾性エネルギー U_m（式 3.16）と電磁エネルギー U_e（式 3.18）は互いに相似関係にある．

質量に与えていた外力を除くと，保有していた運動エネルギーはそのまま残存する．一方，弾性（ばね）に与えていた外力を除くと，保有していた弾性エネルギーはその瞬間に熱エネルギーに変わって消散する．また，静電容量（コンデンサ）に流していた電流を除くと，保有していた静電エネルギーはそのまま残存する．一方，インダクタンス（コイル）に流していた電流を除くと，保有していた電磁エネルギーはその瞬間に熱エネルギーに変わって消散する．このことからもわかるように，質量と静電容量が，弾性とインダクタンスが，それぞれ相似関係にあり，また運動エネルギー（式 3.15）と静電エネルギー（式 3.17）が，弾性エネルギー（式 3.16）と電磁エネルギー（式 3.18）が，それぞれ相似関係にある．

次に，仕事とエネルギーの関係を示す．

質量に力を作用させる場合には，運動の法則 $f = M\dot{v}$（式 1.12）が成立するから，力がなす仕事は

$$W = \int_0^t fv\,dt = \int_0^t M\dot{v}v\,dt = \int_0^t \frac{d}{dt}\left(\frac{1}{2}Mv^2\right)dt = T_m - T_{m0} \tag{3.19}$$

弾性に速度を作用させる場合には，力の法則 $v = H\dot{f}$（式 1.13）が成立するから，速度がなす仕事は

$$W = \int_0^t vf\,dt = \int_0^t H\dot{f}f\,dt = \int_0^t \frac{d}{dt}\left(\frac{1}{2}Hf^2\right)dt = U_m - U_{m0} \tag{3.20}$$

静電容量に電流を流す場合には，静電容量の動的機能（3.2.1 項）を表現する式 $I = C\dot{V}$（式 2.33：式 3.6）が成立するから，電流がなす仕事は

$$W = \int_0^t IV\,dt = \int_0^t C\dot{V}V\,dt = \int_0^t \frac{d}{dt}\left(\frac{1}{2}CV^2\right)dt = T_e - T_{e0} \tag{3.21}$$

インダクタンスに電圧を印加する場合には，インダクタンスの動的機能（3.2.2 項）を表現する式 $V = L\dot{I}$（式 2.36：式 3.12）が成立するから，電圧がなす仕事は

$$W = \int_0^t VI\,dt = \int_0^t L\dot{I}I\,dt = \int_0^t \frac{d}{dt}\left(\frac{1}{2}LI^2\right)dt = U_e - U_{e0} \tag{3.22}$$

式 3.19 は作用力が質量になす仕事は運動エネルギーを変化させることを意味し，式 3.20 は作用速度が弾性になす仕事は弾性エネルギーを変化させることを意味する．また，式 3.21 は電流が静電容量になす仕事は静電エネルギーを変化させることを意味し，式 3.22 は電圧がインダクタンスになす仕事は電磁エネルギーを変化さ

せることを意味する．式 3.19 と 3.20 は力学における仕事の対称・双対関係，式 3.21 と 3.22 は電磁気学における仕事の対称・双対関係を示す．式 3.19 と 3.21，また式 3.20 と 3.22 を比較すれば，力学と電磁気学における仕事は互いに相似関係にあることがわかる．

粘性 C_m は，外部からなされた仕事を吸収し直ちに熱に変えて散逸させる．粘性の散逸パワーは（式 1.11）

$$P = C_m v^2 \tag{3.23}$$

一方，コンダクタンス（電気抵抗の逆数）$G(= 1/R)$ は，外部からなされた仕事を吸収し直ちに熱に変えて散逸させる．コンダクタンスの散逸電力は（式 2.14）

$$P = GV^2 \tag{3.24}$$

式 3.23 と 3.24 から，粘性の散逸パワーとコンダクタンスの散逸電力は互いに相似関係にある．

以上，これまで互いに無関係であるとされていた力学エネルギーと電気エネルギーに関し，両者が共に互いに対称・双対である 2 種類のエネルギー形態を有し，またそれらが異分野の物理領域を越えた相似則を有することを説明し，両物理領域が共通のエネルギー現象であることを立証した．

本章でこれまでに説明した力学と電磁気学における状態量・特性・法則・規定・エネルギーなどの概念や物理量間の相似則を，**表 3.3** にまとめて記す．表 3.3 内の横点線は，その上下が同一の物理領域内で互いに対称・双対の関係にあることを示す．表 3.3 の内容はすべて筆者らによって提示されたものであり [4]，これによって従来は無関係であるとされていた力学（第 1 章で長松昭男が再構成した力学）と電磁気学が，全体にわたり互いに密接な相似関係を有す

表 3.3　力学と電磁気学間の相似則

	力学		電磁気学	
状態量	力	$f=\dot{p}$	電流	$I=\dot{Q}$
	速度	$v=\dot{x}$	電圧	$V=\dot{\Phi}$
	運動量	p	電気量（電荷＝電束）	$Q(=D)$
	位置	x	磁束	Φ
特性	質量	M	静電容量	C
	弾性（剛性の逆数）	$H(=1/K)$	インダクタンス	L
	粘性	C_m	コンダクタンス（電気抵抗の逆数）	$G(=1/R)$
法則・定義・規定	慣性の法則（質量の静的機能）	$v=$ 一定	静電容量の静的機能	$V=$ 一定
	弾性の法則（弾性の静的機能）	$f=$ 一定	インダクタンスの静的機能	$I=$ 一定
	運動の法則（質量の動的機能）	$f=M\dot{v}$	静電容量の動的機能	$I=C\dot{V}$
	力の法則（弾性の動的機能）	$v=H\dot{f}$	インダクタンスの動的機能	$V=L\dot{I}$
	力の釣合い	$\sum_i f_i=0$	キルヒホッフの第 1 法則	$\sum_i I_i=0$
	速度の連続	$\sum_i v_i=0$	キルヒホッフの第 2 法則	$\sum_i V_i=0$
	粘性の機能	$f=C_m v$	オームの法則	$I=GV$
	運動量の法則	$p=\int f\,dt$	電気量の規定	$Q=\int I\,dt$
	位置の定義	$x=\int v\,dt$ or $\dot{x}=v$	磁束の規定	$\Phi(=\int L\dot{I}\,dt)=\int V\,dt$ or $\dot{\Phi}=V$
	運動量保存の法則	$p=$ 一定	電気量保存の法則	$Q=$ 一定
	位置保存の定義	$x=$ 一定	磁束保存の規定	$\Phi=$ 一定
	運動量の定義	$p=Mv$	静電容量の性質	$Q=CV$
	フックの法則	$x=Hf(\leftarrow f=Kx)$	インダクタンスの性質	$\Phi=LI$
エネルギー	運動エネルギー	$Mv^2/2$	静電エネルギー	$CV^2/2$
	弾性エネルギー	$Hf^2/2(=Kx^2/2)$	電磁エネルギー	$LI^2/2$
	粘性の散逸パワー	$C_m v^2$	電気抵抗の散逸パワー	GV^2

（注）点線はその上下が同一物理領域で対称・双対の関係にあることを示す.

ることを，筆者らが初めて明らかにした [1)–4)].

3.5 モデルから見る相似則

3.5.1　1次系

a.　1次力学系

本節では，前節までに明らかにした力学と電磁気学間の相似則を，簡単なモデルを用いて具体的に例証する．

図3.1 は質量または弾性のどちらかと粘性からなる3種類の力学系である．これらの支配方程式は1次微分方程式になるので，これらを1次力学系という．物体は必ず質量と弾性の両方から構成されているので，このような物体は現実には存在しないが，力学系のモデル化ではしばしば物体を1次系と見なすことがある．

図3.1（a）は自由状態にある質量 M と左端が固定された粘性 C_m の並列結合からなる1次力学系である．系右端の変位を $x(t)$，速度を $\dot{x}(t) = v(t)$ とする．系右端に外力 $f_0(t)$ を加えるとき，質量には慣性力 $f_M = -M\ddot{x}$（式1.2）が，粘性には粘性抵抗力 $f_C = -C_m\dot{x}$（式1.4）が生じ，これら3力は釣り合うから，$f_M + f_C + f_0 = 0$．したがって支配方程式は

$$M\ddot{x} + C_m\dot{x} = f_0(t) \quad \text{または} \quad M\dot{v} + C_m v = f_0(t) \tag{3.25}$$

外力 f_0 が $t = 0$ を起点とするステップ関数，すなわち

$$t < 0 \text{ で } f_0 = 0, \qquad t \geqq 0 \text{ で } f_0 = f_{0h}(\text{一定}) \tag{3.26}$$

のとき，式3.25の解（速度）は

$$v = \frac{f_{0h}}{C_m}(1 - e^{-(C_m/M)t}) \tag{3.27}$$

式（3.27）を図示すれば**図3.2**のようになり，速度 v は初期 $t = 0$

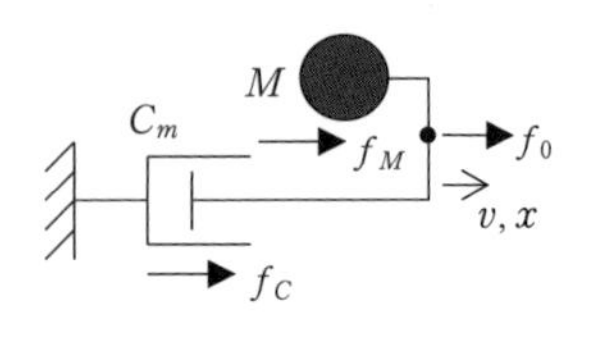

(a) 質量・粘性系（並列接続）

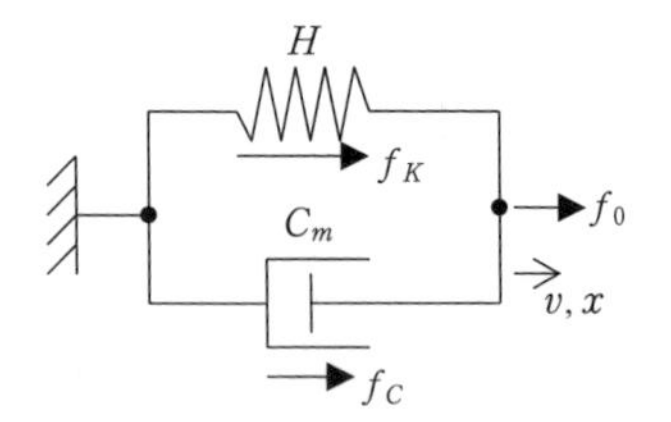

(b) 弾性・粘性系（並列接続）

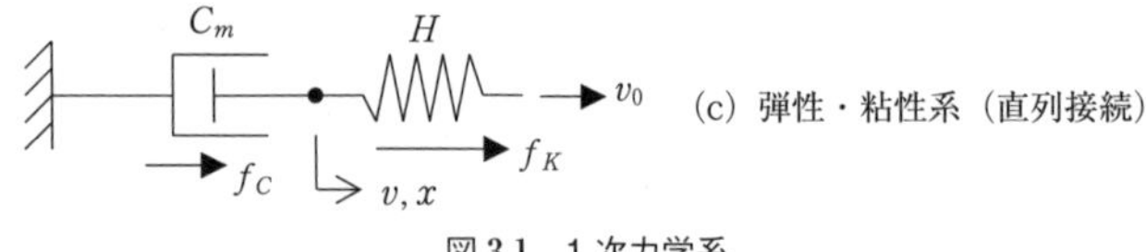

(c) 弾性・粘性系（直列接続）

図 3.1　1 次力学系

における 0 から時間と共に次第に増加し，$t = \infty$ において一定値 f_{0h}/C_m に収れんする．

一般に，初期 $t = 0$ における接線がこの一定値 f_{0h}/C_m と交差する時間 τ を，この系の**時定数**と呼ぶ．式 3.27 を時間 t で微分して $t = 0$ と置けば，$\dot{v}(t = 0) = f_{0h}/M$．そこで，$f_{0h}/C_m = \tau \dot{v}(t = 0) = \tau f_{0h}/M$ の関係から

$$\tau = \frac{M}{C_m} \tag{3.28}$$

時定数（単位 s）は過渡状態がどの程度早く終わるかを表す尺度であり，小さいほど過渡状態が早く終わって定常状態に移る．図 3.2 のように，過渡状態の任意の時刻 $t = t_1$ から引いた接線と

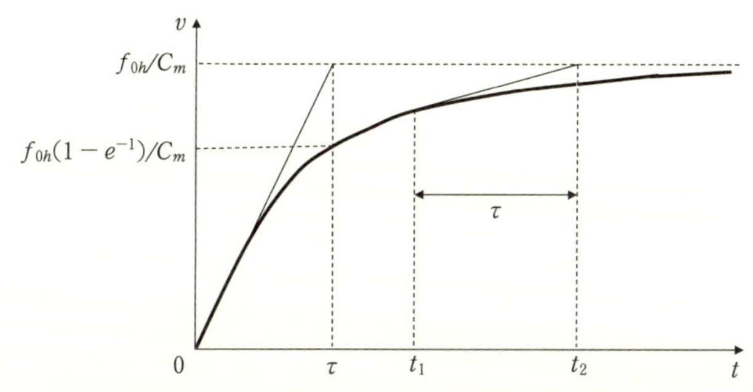

図 3.2　図 3.1（a）で外力 f_0 がステップ関数の場合の質量の速度

$v = f_{0h}/C_m$ の交点 $t = t_2$ までの時間差 $t_2 - t_1$ は，τ になる．図 3.2 における速度 $v(t)$ が，厳密な意味で定常状態になるのは $t = \infty$ であるが，τ が十分小さい場合には，有限の時間に定常状態になるとしてよい．式 3.27 より，時刻 $t = \tau$ における速度は

$$v = \frac{f_{0h}}{C_m}(1 - e^{-1}) = 0.632\frac{f_{0h}}{C_m} \tag{3.29}$$

であり，定常値の 0.632 倍になる．

図 3.1（b）は弾性 H（$= 1/K$：K は剛性）と粘性 C_m の並列接続からなる 1 次力学系である．系の左端は固定され，右端の変位を $x(t)$，速度を $v(t)$ とする．右端に外力 $f_0(t)$ を加えるとき，弾性には復元力 $f_K = -x/H = -Kx$（式 1.3）が，粘性には粘性抵抗力 $f_C = -C_m\dot{x}$ が生じ，これら 3 力は釣り合うから，$f_K + f_C + f_0 = 0$．したがって支配方程式は

$$HC_m\dot{x} + x = Hf_0(t) \quad \text{または} \quad HC_m\dot{v} + v = H\dot{f}_0(t) \tag{3.30}$$

力 f_0 が $t = 0$ を起点とするステップ関数 $f_{0h} =$ 一定 のとき，解（変位）は

$$x = Hf_{0h}(1 - e^{-(1/(HC_m))t}) \tag{3.31}$$

この系の時定数は

$$\tau = HC_m \tag{3.32}$$

図 3.1（c）は弾性 H と粘性 C_m の直列接続からなる 1 次力学系である．系左端は固定され，弾性と粘性の接続点の変位を $x(t)$，速度を $v(t)$ とする．右端に初期変位 0 からステップ関数の速度 v_{0h} = 一定 を与えるとき，弾性から復元力 $f_K = -(x - v_{0h}t)/H$ が，粘性から粘性抵抗力 $f_C = -C_m\dot{x}$ が接続点に作用する．これら 2 力は釣り合うから $f_K + f_C = 0$ であり，式 $HC_m\dot{x} + x = v_{0h}t$ が成立する．この式を時間で 1 回微分すれば，速度 $v = \dot{x}$ に関する支配方程式は

$$HC_m\dot{v} + v = v_{0h} \tag{3.33}$$

式 3.33 の解（速度）は

$$v = v_{0h}(1 - e^{-(1/(HC_m))t}) \tag{3.34}$$

この系の時定数は式 3.32 になる．

b.　1 次電気系

図 3.3 は静電容量 C またはインダクタンス L のどちらかと電気抵抗 R からなる 3 種類の電気系である．これらの支配方程式は 1 次微分方程式になるので，これらを 1 次電気系という．ここでは，電気抵抗をその逆数のコンダクタンス $G = 1/R$ で表現する．

図 3.3（a）は静電容量と電気抵抗（コンダクタンス）の並列接続からなる 1 次電気系である．電流源から電流 $I_0(t)$ を供給するときの電圧を $V(t)$ とすれば，両者に流れる電流はそれぞれ $I_C = C\dot{V}$(式 2.33)，$I_R = GV$（式 2.13）である．静電容量とコンダクタンスの

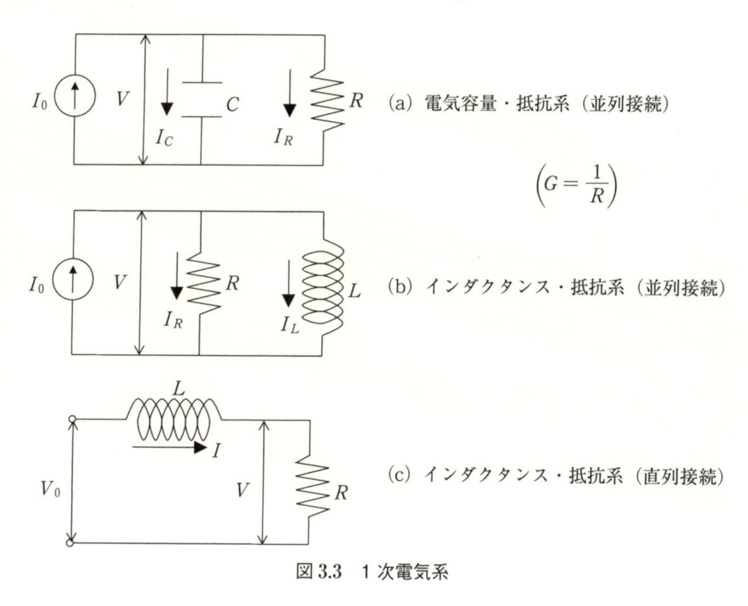

図 3.3　1 次電気系

並列接続点におけるキルヒホッフの電流則から $I_C + I_R = I_0$ であり，支配方程式は

$$C\dot{V} + GV = I_0(t) \tag{3.35}$$

電流 I_0 が $t = 0$ を起点とするステップ関数 I_{0h} = 一定 のとき，式 3.35 の解（電圧）は

$$V = \frac{I_{0h}}{G}(1 - e^{-(G/C)t}) \tag{3.36}$$

電圧の時定数は

$$\tau = \frac{C}{G} \tag{3.37}$$

表 3.3 を参照すれば，図 3.1（a）と 3.3（a），式 3.25 と 3.35，式 3.27 と 3.36，式 3.28 と 3.37 はそれぞれ相似関係にあることがわか

る．

図 3.3（b）はインダクタンスと電気抵抗（コンダクタンス）の並列接続からなる 1 次電気系である．電流源から電流 $I_0(t)$ を供給するときの電圧を $V(t)$ とする．インダクタンスに流れる電流は $I_L = \Phi/L$（Φ は磁束：式 2.34）である．一方，$V = \dot{\Phi}$（式 2.34 の時間微分と式 2.36）の関係があるから，コンダクタンスに流れる電流は $I_R = GV = G\dot{\Phi}$ である．キルヒホッフの電流則から $I_R + I_L = I_0$ であるから，支配方程式は

$$LG\dot{\Phi} + \Phi = LI_0(t) \quad \text{または} \quad LG\dot{V} + V = L\dot{I}_0(t) \tag{3.38}$$

電流 I_0 が $t = 0$ を起点とするステップ関数 $I_{0h} =$ 一定 のとき，解（磁束）は

$$\Phi = LI_{0h}(1 - e^{-(1/(LG))t}) \tag{3.39}$$

時定数は

$$\tau = LG \tag{3.40}$$

表 3.3 を参照すれば，図 3.1（b）と 3.3（b），式 3.30 と 3.38，式 3.31 と 3.39，式 3.32 と 3.40 はそれぞれ相似関係にあることがわかる．

図 3.3（c）はインダクタンスと電気抵抗（コンダクタンス）の直列接続からなる 1 次電気系である．系左端に初期電圧 0 からステップ関数の電圧 $V_{0h} =$ 一定 を印加するとき，系に電流 $I(t)$ が流れるとする．コンダクタンス両端間の電圧は $V = I/G$，インダクタンス両端間の電圧は $V_{0h} - V = L\dot{I} = LG\dot{V}$（式 2.36）であるから，支配方程式は

$$LG\dot{V} + V = V_{0h} \tag{3.41}$$

式 3.41 の解（電圧）は

$$V = V_{0h}(1 - e^{-(1/(LG))t}) \tag{3.42}$$

時定数は式 3.40 になる．

表 3.3 を参照すれば，図 3.1（c）と 3.3（c），式 3.33 と 3.41，式 3.34 と 3.42 はそれぞれ相似関係にあることがわかる．

3.5.2　2 次系

a.　2 次力学系

図 3.4 は質量と弾性の両者と粘性（(b）と（c）のみ）からなる 3 種類の力学系である．これらの支配方程式は 2 次微分方程式になるので，これらを 2 次力学系という．通常これらの系は，力学における 1 自由度系の振動解析に用いられる[22]．

図 3.4（a）は自由状態にある質量 M と左端が固定された弾性 H の並列接続からなる 2 次力学系である．系右端に外力 $f_0(t)$ を加えるとき，質量には慣性力 $f_M = -M\ddot{x}$（式 1.2）が，弾性には復元力 $f_K = -x/H = -Kx$（式 1.3）が生じ，これら 3 力が釣り合うから，$f_M + f_K + f_0 = 0$．したがって支配方程式は

$$MH\ddot{x} + x = Hf_0(t) \quad \text{または} \quad M\ddot{x} + Kx = f_0(t) \tag{3.43}$$

式 3.43 を時間で 1 回微分すれば，速度 $v = \dot{x}$ に関する支配方程式は

$$MH\ddot{v} + v = H\dot{f}_0(t) \tag{3.44}$$

図 3.4（b）は質量 M と弾性 H と粘性 C_m の並列接続からなる 2 次力学系である．系右端に外力 $f_0(t)$ を加えるとき，質量には

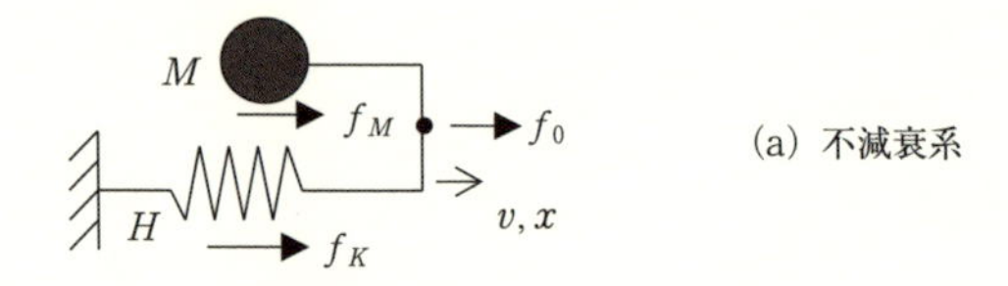

(a) 不減衰系

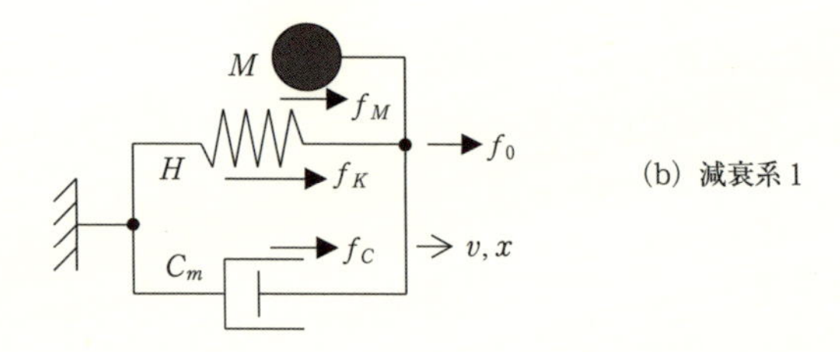

(b) 減衰系 1

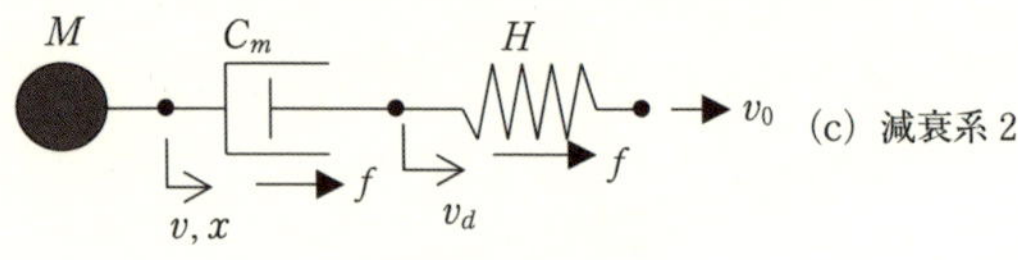

(c) 減衰系 2

図 3.4　2 次力学系

慣性力 $f_M = -M\ddot{x}$ が，粘性には粘性抵抗力 $f_C = -C_m\dot{x}$ が，弾性には復元力 $f_K = -x/H$ が生じ，これら 4 力が釣り合うから，$f_M + f_C + f_K + f_0 = 0$．したがって支配方程式は

$$MH\ddot{x} + C_mH\dot{x} + x = Hf_0(t) \quad \text{または} \quad M\ddot{x} + C_m\dot{x} + Kx = f_0(t) \tag{3.45}$$

式 3.45 を時間で 1 回微分すれば，速度 $v = \dot{x}$ に関する支配方程式は

$$MH\ddot{v} + C_mH\dot{v} + v = H\dot{f}_0(t) \tag{3.46}$$

図 3.4（c）は質量 M と粘性 C_m と弾性 H の直列接続からなる系である．直列接続では力を共有するから，系右端に速度 v_0 を与えるとき，弾性と粘性には同一の力 f が生じる．弾性と粘性の接続点

における速度を v_d，質量と粘性の接続点の速度を v とすれば，弾性では力の法則（式 1.13）に従って式 $v_0 - v_d = H\dot{f}$ が成立し，粘性に生じる力は $f = C_m(v_d - v)$ となる．これら両式から v_d を消去すれば，式 $f = C_m(v_0 - v - H\dot{f})$ が得られる．一方，質量は運動の法則（式 1.12）に従うから，式 $f = M\dot{v}$ とその時間微分式 $\dot{f} = M\ddot{v}$ を前式に代入すれば，速度に関する支配方程式は

$$MHC_m\ddot{v} + M\dot{v} + C_m v = C_m v_0(t) \tag{3.47}$$

b.　2 次電気系

図 3.5 は静電容量とインダクタンスの両者からなる 3 種類の電気系である．これらの支配方程式は 2 次微分方程式になるので，これらを 2 次電気系という．

図 3.5（a）は静電容量とインダクタンスの並列接続からなる系である．電流源から電流 $I_0(t)$ を供給するときの電圧を $V(t)$ とする．静電容量を流れる電流は式 $I_C = C\dot{V}$（式 2.33）に従うから，これを時間微分して $\dot{I}_C = C\ddot{V}$．一方，インダクタンスでは，式 2.36 より

$$V = L\dot{I}_L = L(\dot{I}_0 - \dot{I}_C) = L(\dot{I}_0 - C\ddot{V}) \tag{3.48}$$

が成立するから，支配方程式は

$$CL\ddot{V} + V = L\dot{I}_0(t) \tag{3.49}$$

表 3.3 を参照すれば，図 3.4（a）と 3.5（a），式 3.44 と 3.49 はそれぞれ相似関係にあることがわかる．

図 3.5（b）は静電容量と電気抵抗（コンダクタンス）とインダクタンスの並列接続からなる系である．電流源から電流 $I_0(t)$ を供給するときの電圧を $V(t)$ とする．電気抵抗を流れる電流は式 $I_R = GV$ であり，これを時間微分して式 $\dot{I}_R = G\dot{V}$ が成立する．ま

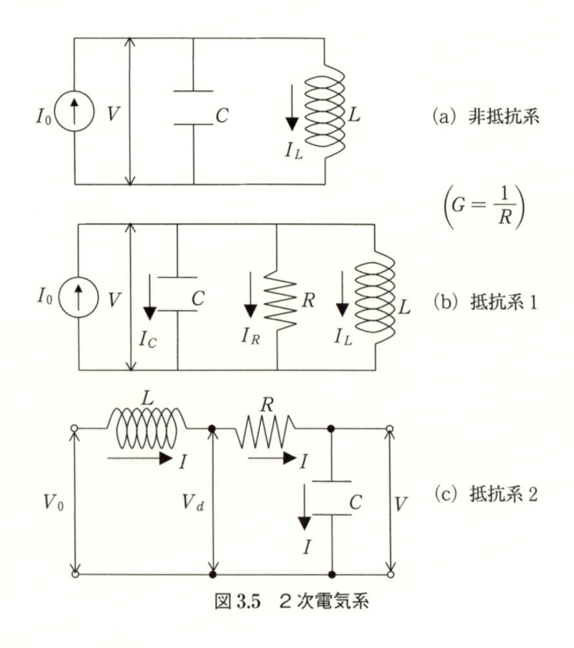

図 3.5　2 次電気系

た，静電容量を流れる電流は式 $I_C = C\dot{V}$ であり，これを時間微分して式 $\dot{I}_C = C\ddot{V}$ が成立する．一方，インダクタンスでは，式 2.36 より

$$V = L\dot{I}_L = L(\dot{I}_0 - \dot{I}_R - \dot{I}_C) = L(\dot{I}_0 - G\dot{V} - C\ddot{V}) \tag{3.50}$$

が成立するから，支配方程式は

$$CL\ddot{V} + GL\dot{V} + V = L\dot{I}_0(t) \tag{3.51}$$

表 3.3 を参照すれば，図 3.4（b）と 3.5（b），式 3.46 と 3.51 はそれぞれ相似関係にあることがわかる．

図 3.5（c）はインダクタンスと電気抵抗と静電容量が直列に接続された系である．直列結合されているこれら 3 素子には同一の電流

I が流れる．系左端に電圧 $V_0(t)$ を印加するとき，インダクタンスと電気抵抗の接続点における電圧が V_d，静電容量両端間の電圧が V であるとする．静電容量を流れる電流は式 $I = C\dot{V}$ であり，これを時間微分して $\dot{I} = C\ddot{V}$ が成立する．一方，インダクタンスでは式 $V_0 - V_d = L\dot{I}$ が成立するから

$$V_d = V_0 - L\dot{I} = V_0 - CL\ddot{V} \tag{3.52}$$

式 3.52 と式 $I = C\dot{V}$ を電気抵抗で成立する式 $G(V_d - V) = I$ に代入すれば，支配方程式は

$$CLG\ddot{V} + C\dot{V} + GV = GV_0(t) \tag{3.53}$$

表 3.3 を参照すれば，図 3.4（c）と 3.5（c），式 3.47 と 3.53 はそれぞれ相似関係にあることがわかる．

以上，力学と電磁気学間には，表 3.3 に示すような概念・理論・法則・エネルギーの全体にわたる相似則が成立することを，簡単なモデルを用いて例証した．

物理機能線図

4.1 基本構成

4.1.1 全体像

前世紀後半に構造設計用のツールとしてCAD（計算機援用設計）とFEM（有限要素法）が合体した形で先進企業に出現したCAE（計算機援用工学）は，短期間で進化して製造業界全体に普及し，最近ではCAEなしでは製品開発が困難であると言っても過言ではない．また，CAEの適用範囲は製品開発の上流に急速に拡大され，昨今では最上流の企画・基本設計で目標製品の実働シミュレーションを実施して，その機能・性能を的確に決めると共に，実働時に生じる諸問題を正確に予測し対策する「モデルベース開発」の導入が，企業現場にとって焦眉の急になっている．

モデルベース開発の難点は，構造設計の前に機能設計を行う点にある．すなわち，製品の構造が未定で姿・形が見えない企画段階で，互いに背反関係にある多種多様の機能・性能を，後工程の構造設計で実現可能なぎりぎりの上限で総合最適化し，決定しなければならない．

もう１つの難点は，複合物理領域をまたぐシミュレーションの実施である．自動車のハイブリッドエンジンの例から理解できるように，一般に機械は，力学・電気・熱・流体・化学などの異分野間を縦横にまたぐ自在なエネルギーの変換と流動によって機能する道具である．このような機械の実働シミュレーションには，複合物理領域のエネルギー現象を一体化して表現できる何らかのモデルが必要であるが，在来のモデル化手法はこれに対しては無力である．

しかし最大の難点は，この問題が単にモデル化の技術・手法を超えて，物理学の根幹に関わる所にある．これは，昨今の新時代の現場ニーズが在来の学術シーズに突き付ける課題の１つであると筆者らは考える．本書の第１章と第３章は，電気と機械という限られた範囲内ではあるが，まさにこの課題への対応を目的として，筆者らによって実施された研究成果の一部である．

筆者らは，この基礎的理論研究と並行して，モデルベース開発を可能にする独自のモデル化技術を提案し[5)–11)]，それを用いた実用システムを構築して，企業現場で使用している．本章では，このモデル化手法のうち最も根幹となる部分について，その概要を紹介する．

本手法は，基本的には電気回路線図，制御ブロック線図，信号伝達線図などと同様に，ブロックを線でつないだ線図である．本手法では，物理法則に基づく特性の機能が視覚で直接理解できるように線と図で示されるから，本手法を**物理機能線図**と名付ける．

図 4.1 に示すように，物理機能線図はその中核をなす機能モデルとそれに付随する機構モデルからなる．**機能モデル**は個別の物理領

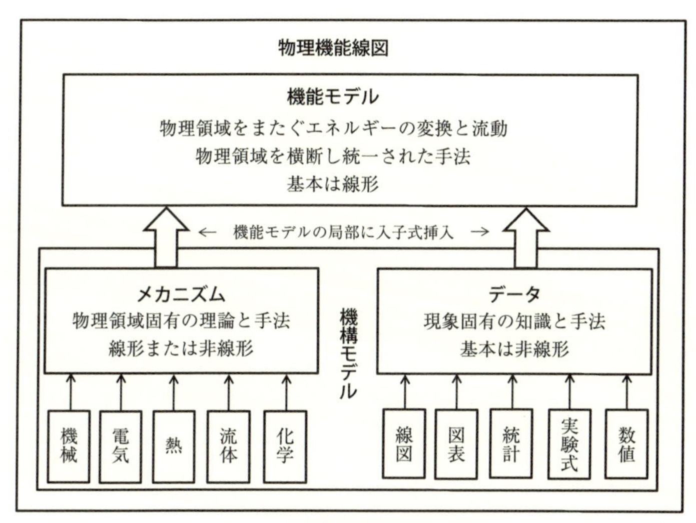

図 4.1　物理機能線図の基本構成

域を超えて統一された手法で構成され，異なる物理領域間を横断して変換・流動するエネルギーと，その結果生じる状態量の推移を表示する．そして，異なる物理領域間のモデル結合を可能にするために，入出力が個別の物理領域を超えた共通量である瞬時エネルギーになるように標準化されている．

機構モデルは，機能モデルの随所に局在し，固体・流体・熱・電気・化学などの個別の物理領域固有の理論と手法で構成されるメカニズムの詳細と，私たちが通常用いる物理法則では簡単に説明することが困難な事象，および経験や実験で得られた諸知見を表現する特性線図・性能図表・統計式・実験式・数値などのデータ群からなる．機構モデルは，機能モデル内の該当部分に，他の部分に影響を与えない入子式で挿入される．

機能モデルは，対象全体を貫くエネルギーの移動と変換による状

表 4.1　物理機能線図に用いる主な記号

状態量	内包量（力 トルク 圧力 電流）		外延量（速度 角速度 流量 電圧）	
特　性	A, G, B　$B=GA$　G：特性（表 4.2 参照）			
演　算 記　号	A, B, C 和　$C=A+B$	A, B, 積 C　$C=A\times B$ A, 自乗 B　$B=A^2$	A, B 逆符号　$B=-A$	A, B 逆数　$B=1/A$
	A, B, C 差　$C=B-A$	A, B, C 除　$C=B/A$	A, B 時間積分　$B=\int Adt$	A, B 時間微分　$B=dA/dt$
	A, B, C 等値分配　$A=B=C$	A, B 絶対値　$B=\lvert A\rvert$	A, f, B 関数変換　$B=f(A)$	例） $f=\exp\rightarrow B=\exp(A)$ $f=\mathrm{sgn}\rightarrow B=\mathrm{sgn}(A)$
変換子	A, B, Q, D, C　$B=QA$　，　$D=QC$ エネルギー保存の法則から　$AD=BC$			
スイッチ	ε, Q, C または ε, Q, C　六角形は条件判定記号 作動条件 $Q=Q(\varepsilon)$ if Q then $C=1$ else $C=0$	A, B, C if $C=0$ then $B=A$ else $B=0$		A, B, C if $C=0$ then $B=0$ else $B=A$
その他	A, A　引出し	エネルギー流動	信号 指示 処理	Q　外作用 外負荷

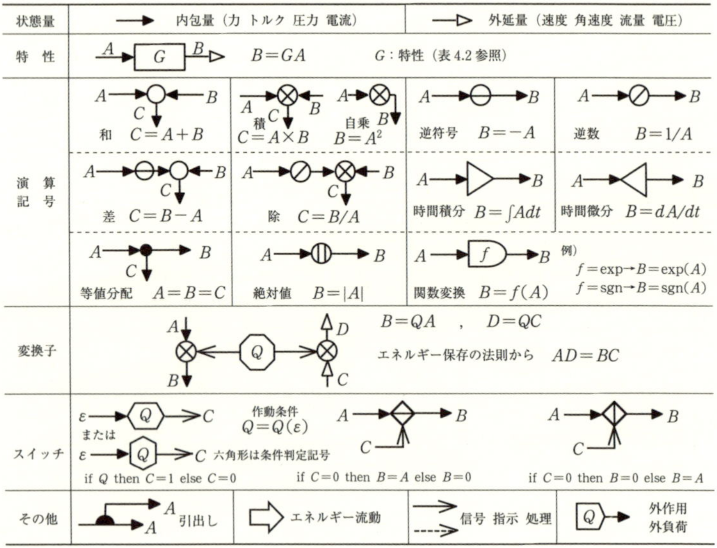

態量推移の様相を表現し，基本は線形モデルである．これに対して機構モデルは，機能モデル内の随所に局在する複雑な現象の内容を詳細に付加記述し，その多くは非線形モデルである．このように，対象の挙動のうち全体の線形と部分に局在する非線形を一旦区別してモデル化した後に，後者を前者に入子式で挿入する手法の採用によって，様々な非線形を共通の手法で扱う一般的処理を可能にしている．

物理機能線図では，特有の演算記号や変換子などを用いて，特性の機能（働き）とそれによる状態量の推移・エネルギー流動が，視覚を通して容易に理解できるように描かれる．**表 4.1** に物理機能線図に用いる主な記号を示す．

4.1.2　状態量

3.1.4 項で述べたように，多くの物理領域における状態量は，内包量と外延量という互いに対称・双対の関係にある 2 種類からなる．前者は場または物体の内部に包含・隠ぺいされる量であり，瞬時エネルギーの質的程度（強弱・激穏）を表し，ノード則が成立する．前者には力・トルク・圧力・電流などが属する．後者は空間に具現・展開される量であり，瞬時エネルギーの量的程度（大小・多少）を表し，ループ則が成立する．後者には速度・角速度・流量・電圧などが属する．前者と後者の積は，いずれの物理領域でも瞬時エネルギー（仕事率や電力など）になる．

物理機能線図では，表 4.1 に示すように，内包量を黒矢印，外延量を白抜矢印で表示する．ただし，状態量の矢印は因果関係の向き（作用を与える側から受ける側への向き）を示しており，空間における作用方向とは無関係である．

4.1.3　特性

物理機能線図では，物理現象の根幹をエネルギーに置くことによって，個別の物理領域を超えたモデルの共通化を図っている．すなわち，「物体や系は，エネルギーの均衡状態ではこれを保ち，不均衡状態では均衡状態に復帰しようとする」（1.3.4 項，3.2 節）という基本概念を設定し，この性質を機能として演じるものを特性と総称する．特性は物理法則に基づいてエネルギーを保有し流動させ，それに伴って上記 2 種類の状態量を相互変換させることにより，自身の機能を遂行する．

特性は，その内部にエネルギーを保有し，力学エネルギー保存の法則や電気エネルギー保存の法則に従って機能するものと，外作用で受けたエネルギーを保有せず直ちに熱に変換し散逸させるものの

2 種類に分類される．前者には，機械系では質量 M と弾性 H（剛性 K の逆数：$H = 1/K$），電気系では静電容量 C とインダクタンス L が属する．また後者には，機械系では粘性 C_m，電気系ではコンダクタンス G（電気抵抗 R の逆数：$G = 1/R$）が属する．

まず，エネルギーを保有する特性について述べる（3.2 節参照）．

- 質量 M の機能：力学エネルギーの均衡状態では，0 を含む一定の速度で力学エネルギーを保有する（慣性の法則）．また，力学エネルギーの不均衡状態では，その不均衡を力の不釣合いで受け，それに比例する速度変動（加速度）に変換する（運動の法則：$f = M\dot{v}$：式 1.12）．速度変動は時間と共に速度を変化させる（$v = \int \dot{v}\,dt$）．また，質量はこの速度変化分の力学エネルギーを吸収することによって力の不釣合いを解消し，力学エネルギーの均衡を回復させる．質量は吸収した力学エネルギーを速度の形で保有する（運動エネルギー：$T_m = Mv^2/2$：式 1.7）．
- 弾性 H の機能：力学エネルギーの均衡状態では，0 を含む一定の力で力学エネルギーを保有する（弾性の法則：1.4.2 項 a）．また，力学エネルギーの不均衡状態では，その不均衡を速度の不連続（両端間の速度差）で受け，それに比例した力（弾性力）変動に変換する（力の法則 1.4.2 項 b：$v = H\dot{f}$：式 1.13）．力変動は時間と共に力を変化させる（$f = \int \dot{f}\,dt$）．弾性はこの力変化分の力学エネルギーを吸収することによって速度の不連続を解消し，力学エネルギーの均衡を回復させる．また，弾性は吸収した力学エネルギーを力（弾性力）の形で保有する（弾性エネルギー：$U_m = Hf^2/2$：式 1.9）．
- 静電容量 C の機能：電気エネルギーの均衡状態では，0 を含む一定の電圧で電気エネルギーを保有する．また，電気エネルギーの不均衡状態では，その不均衡を電流で受け，それに比例した電圧変動に変換する（$I = C\dot{V}$：式 2.33）．電圧変動は時間と共に電圧を変化させる（$V = \int \dot{V}\,dt$）．静電容量はこの電圧変化分の電気エネルギーを吸収することによって電流を解消し，電気エネルギーの均衡を回復させる．また，静電容量は吸収した電気エネルギーを電圧の形で保有する（静電エネルギー：$T_e = CV^2/2$：式 2.44）．

- インダクタンス L の機能：電気エネルギーの均衡状態では，0 を含む一定の電流で電気エネルギーを保有する．また，電気エネルギーの不均衡状態では，その不均衡を電圧で受け，それに比例した電流変動に変換する（$V = L\dot{I}$：式 2.36）．電流変動は時間と共に電流を変化させる（$I = \int \dot{I}\,dt$）．インダクタンスはこの電流変化分の電気エネルギーを吸収することによって電圧を解消し，電気エネルギーの均衡を回復させる．また，インダクタンスは吸収した電気エネルギーを電流の形で保有する（電磁エネルギー：$U_e = LI^2/2$：式 2.46）．

以上からわかるように，質量と弾性の機能は，「力」と「速度」，「釣合い」と「連続」の言葉の相互入換以外には同一の文章で記述されている．また，静電容量とインダクタンスの機能は，「電流」と「電圧」の言葉の相互入換以外には同一の文章で記述されている．これは，質量と弾性が力学エネルギーの流動・蓄積・変換，また静電容量とインダクタンスが電気エネルギーの流動・蓄積・変換，に関して対称・双対の関係にあることを意味する．

質量と静電容量の機能，および弾性とインダクタンスの機能も，「力」と「電流」，「速度」と「電圧」の言葉の相互入換以外には同一の文章で記述されている．力と電流，速度と電圧はそれぞれ相似関係にあり（3.1.4 項），また質量と静電容量，および弾性とインダクタンスはそれぞれ相似関係にある（3.2 節）．

表 4.2　エネルギーを保有する特性の機能表示

特　性		物理機能線図	物理法則の数式表示
力学特性	質　量　M	$f \to \boxed{1/M} \to \dot{v} \to \triangleright \to v$	$f = M\dot{v}$　,　$v = \int \dot{v} dt$
	弾　性　H	$v \to \boxed{1/H} \to \dot{f} \to \triangleright \to f$	$v = H\dot{f}$　,　$f = \int \dot{f} dt$
電気特性	静電容量　C	$I \to \boxed{1/C} \to \dot{V} \to \triangleright \to V$	$I = C\dot{V}$　,　$V = \int \dot{V} dt$
	インダクタンス L	$V \to \boxed{1/L} \to \dot{I} \to \triangleright \to I$	$V = L\dot{I}$　,　$I = \int \dot{I} dt$

表 4.2 に，エネルギーを蓄積し保有するこれら 4 種類の特性の機能を，物理機能線図を用いて図示する．このように物理機能線図では，上に文章で記した特性の機能がそのまま視覚で容易に理解できるように図示される．また，電気と機械の互いに異なる物理領域を超えて共通のモデル表現がなされており，これを用いれば電気・機械一体モデル化が可能である．

次に，エネルギーを散逸させる特性について述べる．

- 粘性 C_m の機能：不均衡力学エネルギーを不連続速度（両端間の速度差）で受けて吸収し，直ちにそれを熱エネルギーに変換して散逸させる（1.3.4 項）．散逸パワーは式 1.11 で与えられる．同時に，与えられる不連続速度に比例する力を生じることによってそれに抵抗し（式 1.4），力学エネルギーの均衡を回復させようとする．
- コンダクタンス G の機能：不均衡電気エネルギーを電圧（不連続電位 = 両端間の電位差）で受けて吸収し，直ちにそれを熱エネルギーに変換して散逸させる（2.2.3 項）．散逸電力は式 2.14 で与えられる．同時に，印加される電圧に比例する逆起電力を生じ，電流を流すことによってそれに抵抗し，電気エネルギーの均衡を回復させようとする．

4.1.4 変換子

物理機能線図では，エネルギー保存の法則の支配下で生じる物理量の変換を簡略表現するために，変換子という量を用いる．変換子には，有単位の変換子，無単位の変換子，座標変換子などがある．有単位の変換子は，異なる物理単位系間の状態量の変換を表す．無単位の変換子は，同一の物理単位系内におけるインピーダンス（機械系では速度と力の比，電気系では電圧と電流の比）の変換を表す．座標変換子は，状態量が多次元空間におけるベクトルである場合の，異なる座標系間の座標変換を表す行列である．

表 4.1 に，上に文章で記した変換子 Q の働きをそのまま視覚で理解できるように図示する方法を示す．

4.2 1自由度系の例

4.2.1 機械系 1

図 4.2 (a) は，弾性 H（剛性 K の逆数）と粘性 C_{mr} が並列に接続され，それと接続した質量 M と外部との間に粘性 C_{mg} が介在する 1 自由度系の力学モデルであり，図 4.2 (b) はそれを物理機能線図でモデル化した図である．

図 4.2 (b) の左端上部には外部から速度 v_1 が作用し，右端上部から外部に速度 v_2 が作用している．また，右端下部には外部から力 f_2 が作用し，左端下部から外部に力 f_1 が作用している．左右両端上下部は共に入力と出力の対からなっており，両者の積は仕事率（瞬時エネルギー）になっている．

図 4.2 (b) の上部は運動の状態を表示し，速度の推移（因果関係）を白抜矢印で示している．また下部は力の状態を表示し，力の推移（因果関係）を黒矢印で示している．上部と下部の間を縦方向

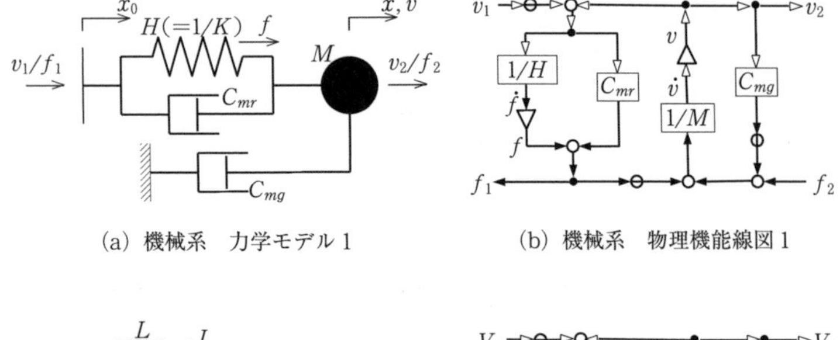

(a) 機械系　力学モデル 1　　(b) 機械系　物理機能線図 1

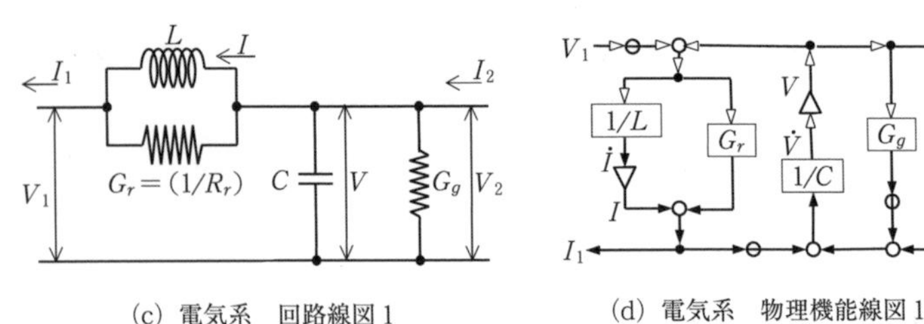

(c) 電気系　回路線図 1　　(d) 電気系　物理機能線図 1

図 4.2　1 自由度系のモデル　1

に連結する力学特性（質量・弾性・粘性）は，物理法則に従って速度と力の間の相互変換を演じている．

弾性 H には，質量と連結している右端に質量の速度 v が与えられ，左端に外部から速度 v_1 が与えられるから，不連続速度（両端間の速度差）$v - v_1$ が作用し，力の法則 $v - v_1 = H\dot{f}$（式 1.13）に従って力（弾性力）変動 $\dot{f}$ を生じている．また，弾性と並列接続している粘性 C_{mr} にも同じ不連続速度が作用し，それに比例する力 $C_{mr}(v - v_1)$ が生じている．そしてこれら両者の和 $f_1 = f + C_{mr}(v - v_1)$ が，左端から外部に作用している．

質量 M には，外部と質量の間に介在する粘性 C_{mg} が生じ，質量の速度 v に比例する力 $C_{mg}v$ を外作用力 f_2 から差し引いた力 $f_2 - C_{mg}v$ が作用し，同時に弾性 H から復元力（弾性力 f の反作用力）$-f$ が，また粘性 C_{mr} から抵抗力 $-C_{mr}(v - v_1)$ が作用している．これらの総和が質量に作用する不釣合い力になり，質量は運動の法則 $f_2-C_{mg}v-f-C_{mr}(v-v_1)=M\dot{v}$ に従って速度変動（加速度）$\dot{v}$ を生じている．

このように物理機能線図では，互いに対称・双対の関係にある 2 種類の状態量（図 4.2（a）では力と速度）のうち一方の状態量が外部から作用し，それを受けて特性が機能し，2 つの内部状態量が相互変換され変化しながら推移し，他方の状態量が外部に作用する様子が視覚で容易に理解できるように，そのまま忠実・明解に表現されている．したがって支配方程式は，図中の白丸（和）を中心に，上に述べた図の内容をそのまま数式で表現することによって，簡単に求めることができる．まず，右下の 2 個の白丸から

$$M\dot{v}=(f_2-C_{mg}v)-f_1 \tag{4.1}$$

次に，左上の白丸から

$$H\dot{f}=v-v_1 \tag{4.2}$$

また，左下と左上の白丸，および自明の関係から

$$f_1=f+C_{mr}(v-v_1), \qquad v_2=v \tag{4.3}$$

これらをまとめれば，状態方程式と出力方程式は

$$\begin{bmatrix}\dot{v}\\ \dot{f}\end{bmatrix}=\begin{bmatrix}-\dfrac{C_{mg}+C_{mr}}{M} & -\dfrac{1}{M}\\ \dfrac{1}{H} & 0\end{bmatrix}\begin{bmatrix}v\\ f\end{bmatrix}+\begin{bmatrix}\dfrac{C_{mr}}{M} & \dfrac{1}{M}\\ -\dfrac{1}{H} & 0\end{bmatrix}\begin{bmatrix}v_1\\ f_2\end{bmatrix} \tag{4.4}$$

$$\begin{bmatrix}v_2\\ f_1\end{bmatrix}=\begin{bmatrix}1 & 0\\ C_{mr} & 1\end{bmatrix}\begin{bmatrix}v\\ f\end{bmatrix}+\begin{bmatrix}0 & 0\\ -C_{mr} & 0\end{bmatrix}\begin{bmatrix}v_1\\ f_2\end{bmatrix} \tag{4.5}$$

入力 v_1 と f_2，および初期条件 $v(t=0)$ と $f(t=0)$ を与えて式 4.4 を解けば，初期時刻 $t=0$ 以後の速度と力の時刻歴 $v(t)$ と $f(t)$ が求められ，式 4.5 から出力 v_2 と f_1 が得られる．

式 4.2 に $H=1/K$, $v=\dot{x}$, $v_1=\dot{x}_0$ を代入して時間積分すれば

$$f=K(x-x_0) \tag{4.6}$$

式 4.1 に式 4.3 を代入して

$$M\dot{v}+C_{mg}v+C_{mr}(v-v_1)+f=f_2 \tag{4.7}$$

式 4.7 に式 4.6 と $v=\dot{x}$，$v_1=\dot{x}_0$ を代入すれば

$$M\ddot{x}+(C_{mg}+C_{mr})\dot{x}+Kx=f_2+C_{mr}\dot{x}_0+Kx_0 \tag{4.8}$$

図 4.2（a）において左端のばね支持部を固定とすれば，$v_1=\dot{x}_0=0$，$x_0=0$．また $C_{mg}+C_{mr}=C_m$ と記し，これらを式 4.8 に代入すれば

$$M\ddot{x}+C_m\dot{x}+Kx=f_2 \tag{4.9}$$

式 4.9 は，振動解析などに用いられる通常の 1 自由度系の運動方程式である [22]．

このように物理機能線図では，図中の記号の意味さえ理解していれば，物理法則を知らなくても支配方程式が簡単に得られる．これは，専門外の人でもモデルの数式表現が容易にできることを意味し，同時にコンピュータによる数学モデルの自動作成が可能であることを示唆する．

4.2.2 電気系 1

図 4.2（c）は，インダクタンス L とコンダクタンス G_r（電気抵

抗 R_r の逆数）が並列に接続され，それと接続された静電容量 C と外部との間にコンダクタンス G_g が介在する 1 自由度系の電気回路線図であり，図 4.2（d）はそれを物理機能線図でモデル化した図である．

図 4.2（d）の左端上部には外部から電圧（電位差）V_1 が入力し，右端上部から外部に電圧 V_2 が出力している．また，右端下部には外部から電流 I_2 が入力し，左端下部から外部に電流 I_1 が出力している．左右両端上下部は共に入力と出力の対からなっており，両者の積は共に電力（瞬時エネルギー）になっている．

図 4.2（d）の上部は電圧の推移（因果関係）を白抜矢印で示している．また下部は電流の推移（因果関係）を黒矢印で示している．そして上部と下部の間を縦方向に連結する電気特性（静電容量・インダクタンス・コンダクタンス）が，物理法則に従って電圧と電流間の相互変換を演じている．

インダクタンス L には，静電容量と連結している右端に静電容量の電圧が与えられ，左端に外部電圧 V_1 が与えられるから，電圧（両端間の電位差）$V - V_1$ が印加され，インダクタンスの機能 $V - V_1 = L\dot{I}$（式 2.36）に従って電流 I に変動 $\dot{I}$ を生じている．また，インダクタンスと並列接続しているコンダクタンス G_r にも同じ電圧が作用し，それに比例する電流 $G_r(V - V_1)$（式 2.13）が流れている．そしてこれら両者の和 $I_1 = I + G_r(V - V_1)$ が，左端から外部に出力している．

静電容量 C には，外部と静電容量の間に介在するコンダクタンス G_g に流れる電流を外部入力電流 I_2 から差し引いた電流 $I_2 - G_gV$ から，さらにインダクタンス L に流れる電流 I とコンダクタンス G_r に流れる電流 $G_r(V - V_1)$ を差し引いた電流が流れる．そして，その機能 $(I_2 - G_gV) - I - G_r(V - V_1) = C\dot{V}$（式 2.33）に従って電

圧変動 $\dot{V}$ を生じる．図 4.2（d）はこれらの電気特性の機能と状態量の推移をそのまま忠実・明解に表現している．

図 4.2（a）の力学モデルと図 4.2（c）の電気回路線図を比べても両者の関係は不明であるが，それらを物理機能線図で表現した図 4.2（b）と図 4.2（d）は明らかに同一モデルであり，表 3.3 を参照すれば，両者が物理領域を超えた相似関係にあることが一目でわかる．したがって，図 4.2（d）の支配方程式は図 4.2（b）の式 4.4，式 4.5 と同じ手順で得られ

$$\begin{bmatrix} \dot{V} \\ \dot{I} \end{bmatrix} = \begin{bmatrix} -\dfrac{G_g + G_r}{C} & -\dfrac{1}{C} \\ \dfrac{1}{L} & 0 \end{bmatrix} \begin{bmatrix} V \\ I \end{bmatrix} + \begin{bmatrix} \dfrac{G_r}{C} & \dfrac{1}{C} \\ -\dfrac{1}{L} & 0 \end{bmatrix} \begin{bmatrix} V_1 \\ I_2 \end{bmatrix} \tag{4.10}$$

$$\begin{bmatrix} V_2 \\ I_1 \end{bmatrix} = \begin{bmatrix} 1 & 0 \\ G_r & 1 \end{bmatrix} \begin{bmatrix} V \\ I \end{bmatrix} + \begin{bmatrix} 0 & 0 \\ -G_r & 0 \end{bmatrix} \begin{bmatrix} V_1 \\ I_2 \end{bmatrix} \tag{4.11}$$

4.2.3　機械系 2

図 4.3（a）は，弾性 H と粘性 C_{mr} が直列に接続され，質量 M と外部との間に粘性 C_{mg} が介在する 1 自由度系の力学モデルであり，図 4.3（b）はそれを物理機能線図でモデル化した図である．

図 4.3（b）の左端上部には外部から速度 v_1 が作用し，右端上部から外部に速度 v_2 が作用している．また，右端下部には外部から力 f_2 が作用し，左端下部から外部に力 f_1 が作用している．左右両端上下部は共に入力と出力の対からなっており，両者の積は仕事率（瞬時エネルギー）になっている．

図 4.3（b）の上部は運動の状態を表示し，速度の推移（因果関係）を白抜矢印で示している．また下部は力の状態を表示し，力の推移（因果関係）を黒矢印で示している．そして，上部と下部の間

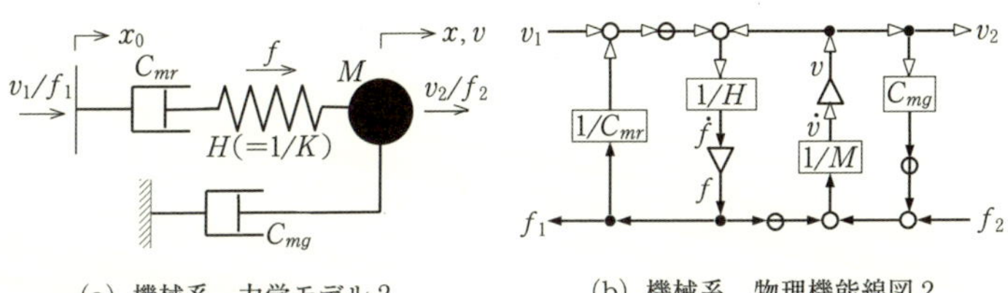

(a) 機械系　力学モデル 2　　(b) 機械系　物理機能線図 2

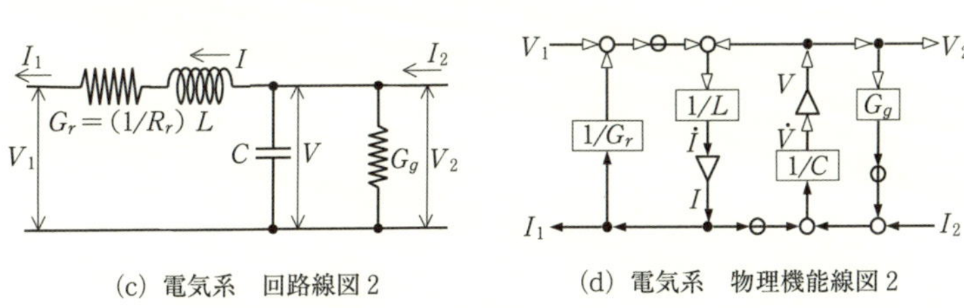

(c) 電気系　回路線図 2　　(d) 電気系　物理機能線図 2

図 4.3　1 自由度系のモデル　2

を縦方向に連結する力学特性（質量・弾性・粘性）は，物理法則に従って速度と力間の相互変換を演じている．

粘性 C_{mr} は，弾性 H の左端から力（弾性力）f を受けて，それを粘性 C_{mr} の左端からそのまま外部に作用させ（$f = f_1$），同時に作用力 f に比例する速度（粘性両端間の速度差）f/C_{mr}（式 1.10）を生じる．粘性 C_{mr} と質量 M の間に直列に介在する弾性 H には，右端に質量の速度 v が，左端に外部速度 v_1 と粘性が生じる速度 f/C_{mr} の和が与えられるから，作用速度は $v-(v_1+f/C_{mr})$ となり，力の法則（式 1.13）により $v-(v_1+f/C_{mr}) = H\dot{f}$ に従って力（弾性力）変動 $\dot{f}$ を生じる．

質量 M には，外部と質量の間に介在する粘性 C_{mg} が生じ，質量の速度 v に比例する力 $C_{mg}v$ を外作用力 f_2 から差し引いた力 $f_2-C_{mg}v$ が作用し，同時に弾性 H から復元力（弾性力 f の反作用力）$-f$ が作用するから，作用力はそれらの和になり，質量は運動の法則（式 1.12）$(f_2-C_{mg}v)-f = M\dot{v}$ に従って速度変動（加速度）$\dot{v}$ を生じる．図 4.3（b）はこれらの力学特性の機能とその結果生じる状態量の推移をそのまま忠実・明解に表現している．

図 4.3（b）から支配方程式を求める．まず，右下の 2 個の白丸から

$$M\dot{v} = (f_2 - C_{mg}v) - f \tag{4.12}$$

次に，左上の 2 個の白丸から

$$H\dot{f} = v - \left(v_1 + \frac{1}{C_{mr}}f\right) \tag{4.13}$$

また，自明の関係から

$$f_1 = f, \qquad v_2 = v \tag{4.14}$$

これらをまとめれば，状態方程式と出力方程式は

$$\begin{bmatrix} \dot{v} \\ \dot{f} \end{bmatrix} = \begin{bmatrix} -\frac{C_{mg}}{M} & -\frac{1}{M} \\ \frac{1}{H} & -\frac{1}{HC_{mr}} \end{bmatrix} \begin{bmatrix} v \\ f \end{bmatrix} + \begin{bmatrix} 0 & \frac{1}{M} \\ -\frac{1}{H} & 0 \end{bmatrix} \begin{bmatrix} v_1 \\ f_2 \end{bmatrix} \tag{4.15}$$

$$\begin{bmatrix} v_2 \\ f_1 \end{bmatrix} = \begin{bmatrix} 1 & 0 \\ 0 & 1 \end{bmatrix} \begin{bmatrix} v \\ f \end{bmatrix} \tag{4.16}$$

4.2.4　電気系 2

図 4.3（c）は，インダクタンス L とコンダクタンス G_r が直列に接続され，それと接続された静電容量 C と外部との間にコンダクタンス G_g が介在する 1 自由度系の電気回路線図であり，図 4.3（d）はそれを物理機能線図でモデル化した図である．

図 4.3（d）の左端上部には外部から電圧（電位差）V_1 が入力し，右端上部から外部に電圧 V_2 が出力している．また，右端下部には

外部から電流 I_2 が入力し，左端下部から外部に電流 I_1 が出力している．左右両端上下部は共に入力と出力の対からなっており，両者の積は電力（瞬時エネルギー）になっている．

図 4.3（d）の上部は電圧の推移（因果関係）を白抜矢印で示し，下部は電流の推移（因果関係）を黒矢印で示す．そして，上部と下部の間を縦方向に連結する電気特性（静電容量・インダクタンス・コンダクタンス）が，物理法則に従って電圧と電流間の相互変換を演じている．

コンダクタンス G_r は，インダクタンス L から入力する電流 I を左端下部からそのまま外部に出力させ（$I = I_1$），電流 I に比例する電圧（両端間の電位差）I/G_r を生じる．コンダクタンス G_r と静電容量 C の間に直列に介在するインダクタンス L には，右端に静電容量の電圧 V が，また左端に外部電圧 V_1 とコンダクタンスが生じる電圧 I/G_r の和が与えられるから，インダクタンスへの印加電圧は $V-(V_1+I/G_r)$ となり，その機能 $V-(V_1+I/G_r)=L\dot{I}$（式 2.36）に従って電流 I に変動 $\dot{I}$ を生じている．

静電容量 C には，外部から右端に入力する電流 I_2 からコンダクタンス G_g を流れる電流 G_gV を差し引いた電流 I_2-G_gV から，さらにインダクタンスに流れる電流 I を差し引いた電流が流れている．そして，その機能 $(I_2-G_gV)-I=C\dot{V}$（式 2.33）に従って電圧 V に変動 $\dot{V}$ を生じている．図 4.3（d）は，これらの電気特性の機能とその結果生じる状態量の推移をそのまま忠実・明解に表現している．

図 4.3（a）の力学モデルと図 4.3（c）の電気回路線図を比べても両者の関係は不明であるが，それらを物理機能線図で表した図 4.3（b）と図 4.3（d）は明らかに同一モデルであり，表 3.3 を参照すれば，両者が物理領域を超えた相似関係にあることが一目でわかる．

したがって，図 4.3（d）の支配方程式は図 4.3（b）に関する式 4.12～4.16 と同一の手順で求められ

$$\begin{bmatrix} \dot{V} \\ \dot{I} \end{bmatrix} = \begin{bmatrix} -\frac{G_g}{C} & -\frac{1}{C} \\ \frac{1}{L} & -\frac{1}{LG_r} \end{bmatrix} \begin{bmatrix} V \\ I \end{bmatrix} + \begin{bmatrix} 0 & \frac{1}{C} \\ -\frac{1}{L} & 0 \end{bmatrix} \begin{bmatrix} V_1 \\ I_2 \end{bmatrix} \tag{4.17}$$

$$\begin{bmatrix} V_2 \\ I_1 \end{bmatrix} = \begin{bmatrix} 1 & 0 \\ 0 & 1 \end{bmatrix} \begin{bmatrix} V \\ I \end{bmatrix} \tag{4.18}$$

参考文献

1) 長松昭男：機械の力学，朝倉書店，2007.

2) 長松昌男，長松昭男：複合領域シミュレーションのための　電気・機械系の力学，コロナ社，2013.

3) 長松昌男，長松昭男：電気・機械一体モデルの開発と応用　第1報　物理学的基礎，シミュレーション，32巻，1号，pp.48-54（2013-3）.

4) 長松昌男，長松昭男：同上　第2報　力学と電磁気学間の新しい相似則の提案，シミュレーション，32巻，2号，pp.136-143（2013-6）.

5) 長松昌男，長松昭男，角田鎮男：同上　第3報　モデルベース開発のためのモデル化，シミュレーション，32巻，3号，pp.221-232（2013-9）.

6) 角田鎮男，長松昌男，長松昭男：同上　第4報　物理機能線図の応用例，シミュレーション，32巻，4号，pp.349-359（2013-12）.

7) 長松昌男，角田鎮男，長松昭男：日本機械学会論文集，64-622 C（1998），pp.1997-2004.

8) 長松昭男，角田鎮男，長松昌男：同上，64-627 C（1998），pp.4216-4223.

9) 角田鎮男，長松昌男，長松昭男：同上，65-632 C（1999），pp.1403-1410.

10) 角田鎮男，平松繁喜，長松昌男，長松昭男：同上，65-635 C（1999），pp.2601-2608.

11) 平松繁喜，角田鎮男，長松昌男，長松昭男：同上，65-638 C（1999），pp.3926-3933.

12) 高等学校教科書・物理Ⅰ，同・物理Ⅱ，東京書籍，2008.

13) レオン・M. レーダーマン，クリストファー・T. ヒル著，小林茂樹訳：対称性―レーダーマンが語る量子から宇宙まで，白揚社，2008.

14) イアン・スチュアート著，水谷淳訳：もっとも美しい対称性，日経BP社，2008.

15) 三輪修三：機械工学史，丸善，2000.

16) 山本義隆：古典力学の形成，日本評論社，1997.

17) 山本義隆：重力と力学的世界，現代数学社，1981.

18）中野董夫：相対性理論，岩波書店，1984.
19）二間瀬敏史：重力と一般相対性理論，ナツメ社，2000.
20）中嶋貞夫：量子力学Ⅰ，Ⅱ，岩波書店，1984.
21）ファインマン他著　坪井忠二訳：ファインマン物理学Ⅰ力学，岩波書店，1967.
22）長松昭男：モード解析入門，コロナ社，1993.
23）物理学辞典，培風館，1984.

電気・機械の融合モデルで新たなイノベーションを！

コーディネーター　萩原一郎

昨今，文理融合，複合領域融合などと唄われているが，産業界もまさに複合領域融合の時代となっていることは，電気と機械の2つの動力源を有すハイブリッド車がイノベーションを起こしていることでも明白である．しかし，個々の学問が非常に細部に亘り専門分化した今日，異分野融合の困難さにも直面している．この困難さは，各分野にはそれぞれベースとなるモデルが存在し，それがその分野内では共通の言語となっているが，各分野で表現法が異なることも大いに関係する．同じ工学系でも電気系と機械系ですらお互いに理解が困難なケースも多い．

80年代後半以降，車の衝突解析の成功が契機となり各産業界でスーパーコンピュータが導入され，振動解析や熱流体解析などのCAE技術が実験に替わる有効な手段として急速に実用化され，本書の第4章で述べられる“モデルベース開発”時代が到来した．そのお陰で，現在，モデルチェンジ型の新車の開発期間は1年を切り，開発試作なしでいきなり量産試作に入るほどになった．ここに至ってCAD/CAMそしてCAEは，単にコンピュータ内に車のデジタルモックアップを作るだけでなく，その中で車を走らせることを可能にしたといって過言でない．しかし，最近では車に限らず様々な製品が機械，電気・電子，制御，ソフトウエアの融合人工物になり，機能や性能が格段に向上した一方で，品質保証や信頼性確保の面では却って困難さを増している．

現在，機械，電気・電子，制御，ソフトウエアの各分野で，高度・専門化した異なるモデルと異なるシミュレーション技術が用いられているが，本書によって，それぞれ独自に発展した領域にまたがる新しいモデリングとシミュレーションが，可能となることが期待される．

第1章の「力学の再構成」では，因果関係と対称性に関する表現の不完全さを補い，第2章の「電磁気学への入口」と違和感なく複合領域としてシミュレーションを可能とするアプローチへの準備段階として，基礎的な事項から丁寧に述べられている．この段階で，これら両者のギャップを無意識に避けながら対応してきた技術者にとって，大変魅力的な内容となっている．

力学と電磁気学の関連づけとして，弾性力学におけるニュートンの法則と対称・双対となる考え方を導入している．力と運動の世界における法則として，慣性と弾性，運動と力，力と速度（作用反作用）の因果関係と対称性とを説明している．ニュートンの法則では，質量が主役で力が原因で運動が結果であるが，弾性が主役で運動が原因で力が結果となる立場から見た支配法則を提唱している．フックの法則を時間微分すると，力の変化が速度を支配することになる．この因果関係は，弾性の線形・非線形を問わず成立する．たとえば，一端を固定した弾性体の別の端部に力を与えると，弾性体の中を流れる力線に従って内力変動が生じて，内部に変形が生じる．拘束力に対する弾性体の内力と変位を保持する挙動を観察することになる．

これらの考え方に基づき，著者は力学的エネルギーの対称性に注目し，力学的エネルギーは，運動エネルギーと力のエネルギーがその対称・双対の関係のもと，均衡状態を保つ様に挙動を支配するとしてシミュレーションを行うことで，電磁気でのエネルギーの扱いと複合的領域を形成することを目指している．ここで力のエネルギーは，従来から力学では位置エネルギーと言われていたものであり，より一般化するため，場には色々な因果関係と均衡する力が存在し，場のエネルギーは力エネルギーの形を取るものとしている．

各章とも具体的な事例を取り入れた例題も記載されており，これらを読むことで著者の主張する複合領域のシミュレーションに違和感なく入ることができ，電気系や機械系の専門家が，お互いになじみの薄い他の分野の理解のための入門書となるように配慮された内容となっている．

以下に改めて本書の要点を述べる．第1章では，力学の根幹を力と運動からエネルギーに移し，また力学全体に自然界の対称性が具現され，合わせて物理事象の閉じた因果関係が弾性体の力学に導入された．これにより，我々がものづくりに用いている古典力学を本来あるべき姿に再構成している．

第2章では，電磁気学における対称性と真空中の電磁波を表現するマクスウエルの方程式の2つの表について丁寧に説明していることから，機械系の読者にとっても違和感なく電磁気学に入り込めるよう配慮されている．

第3章では，「電気と機械の相似関係」が簡単なモデルを用いて例証されている．つまり，機械工学で基本的なマス－弾性（剛性の逆数）モデル，電気工学で基本的な静電容量―インダクタンスの回路モデル，のそれぞれ最も基本的なモデルを少し変えることで，電気系・機械系で同じモデル化法が得られ，お互いの風通しが良くなることが示されており，様々な部品のモデル化を手掛ける技術者，研究者にとって大いに参考になろう．

第4章では物理機能線図の概要が示されている．一般に機械は数多くの部品や部分構造から構成され，それら各々の局部機能が融合されて全体の機能を実現している．そこで製品モデルは，局部機能と全体機能の両者を同時に視覚的に理解できるように階層化され，同位レベルの部品群の機能展開，上位レベルへの機能統合，下位レベルへの機能分解が可能であることが要求される．物理機能線図はこれらの要求を満足している

以上のように，本書では，電磁気学と機械力学との融合について示されたが，この延長には熱，流体，化学との融合があり，著者はすでにその研究に着手されている．さらにその先には文理融合の夢へと広がる．このような新しい，極めて有意義な視点から精力的に研究されている長松昌男先生の益々のご発展を祈念するとともに，多くの研究者・技術者が，本書によって，電気・機械の融合法を把握され，それぞれの業務に有効に利用され，この中から新たなイノベーションも起こされるよう祈念して筆を置きたい．

索　引

【人名】

【あ】

【か】

【さ】

【ま】

【や】

【ら】

著　者

長松昌男（ながまつ まさお）

1997 年　東京都立大学大学院工学研究科博士課程修了

現　在　北海道科学大学工学部機械工学科 准教授 博士（工学）

専　門　計測制御工学

コーディネーター

萩原一郎（はぎわら いちろう）

1972 年　京都大学大学院工学研究科数理工学専攻修士課程修了

現　在　明治大学研究・知財戦略機構 特任教授（先端数理科学インスティテュート所長）
東京工業大学名誉教授 工学博士（機械工学）

専　門　計算科学／折紙科学

共立スマートセレクション 3
Kyoritsu Smart Selection 3
次世代ものづくりのための
電気・機械一体モデル
Electronics-Mechanics
Combined Modeling
for Future Manufacturing

2015 年 12 月 15 日　初版 1 刷発行

検印廃止
NDC 531.3

ISBN 978-4-320-00903-5

著　者　長松昌男　© 2015

コーディネーター　萩原一郎

発行者　南條光章

発行所　**共立出版株式会社**
郵便番号　112-0006
東京都文京区小日向 4-6-19
電話　03-3947-2511（代表）
振替口座　00110-2-57035
http://www.kyoritsu-pub.co.jp/

印　刷　大日本法令印刷
製　本　加藤製本

一般社団法人
自然科学書協会
会員

Printed in Japan